仕事に使える YouTube 動画術

自前でできる！ ▼ 動画の企画から撮影・編集・配信のすべて

家子史穂／千崎達也 共著

SE
SHOEISHA

はじめに〜YouTube チャンネルをはじめよう

　2020年のコロナ禍を境に社会のデジタル化が急速に進行し、動画は欠かせないコミュニケーション手段のひとつになりました。YouTubeチャンネルを開設する個人や企業が急激に増え、さらにライブ配信も身近になり、まさに「動画の民主化」ともいえる未来に私たちは立っています。本書を手に取っていただいたということは「自分で動画を作りたい」「もっと動画を活用したい」と思っていらっしゃるのではないでしょうか。技術が発達し、便利なツールが次々と提供され、誰もが動画を簡単に作ることができるようになりました。一方で意図がきちんと伝わる動画や多くの人を惹きつける動画を作るには、知識と技術が必要です。

　本書は、YouTube チャンネルの活用事例から、企画設計、さらに動画の撮影、編集、配信まで基礎から学ぶことができるようになっています。

　Chapter1で紹介する事例は重要な広報ツールとなったYouTubeを活用し、自ら動画を撮影・編集・配信してビジネスの可能性を広げている企業や自治体を取り上げました。特に組織としてYouTube チャンネルを運用していく際に、何に配慮し、どんな体制および役割分担で取り組んでいるか、そしてYouTube チャンネル運用が事業あるいは組織にどのような効果をもたらしたかについて、実際のインタビューをもとに具体的に紹介しています。

　Chapter2では、YouTube チャンネルを通じて継続的に動画を配信していくにあたって重要なコンセプトの立て方や動画の企画・設計のコツ、

配信後の動画の分析の観点について、初心者でも取り入れやすいメソッドにまとめています。

　Chapter3以降は、動画を作るにあたっての基本的な知識やノウハウ、動画制作を失敗しないためのヒントをまとめています。めまぐるしく変化するインターネット上の動画環境ですが、動画制作の基本は、テレビ放送が始まった70年前から変わりはありません。それらの基本テクニックを現在の機材事情にあわせてアレンジしてあります。

　上手に写真を撮影するスキルや、イラストを描くスキル、ちょっとしたパンフレットをデザインできるスキルがあれば、仕事の情報の発信力は格段に高まります。同じように、上手に動画を作るスキルがあればさらに多彩な情報を発信できるようになるでしょう。

　トータルで「仕事でYouTube担当になったけれど、本業もあって忙しいなか、動画ばかりに手をかけてはいられない」という悩みにお役立ていただける内容になっています。気になるページから読み進めてみてください。この本が、新しい可能性を開くきっかけに少しでもなれたら嬉しいです。

2021年11月
家子史穂、千崎達也

Contents

⊙ Chapter 3
動画の撮影術

⊙ Chapter 4
動画の編集術

➔ Chapter 5
動画の配信術

➡ Appendix
動画の基礎知識とFAQ ──── 215

→ Chapter

1

動画の
ビジネス
成功事例

1-1 | チャンネル活用の 方向性

企業や団体もYouTubeチャンネルを開設し、動画を配信していくことで、新たな ファンを獲得したり、長く自社あるいはブランドに関心を持ってもらえたり、公的機 関であれば住民に必要な情報を届ける手段として活用していくことができます。

YouTubeチャンネルで配信する動画の種類と目的

YouTubeチャンネルでは現在、様々な動画が配信されています。YouTubeチャ ンネルというと、いわゆるYouTuber（ユーチューバー）のように、個人が動画を配 信するチャンネルというイメージが強いですが、今では多くの企業や団体が独自の チャンネルを開設し運営しています。その目的や用途は様々ですが、大きく4つに 分類することができます。

目的	❶プロモーション	❷ナーチャリング (中長期的な興味関心の持続)	❸使い方の解説	❹リアルタイム配信 (イベントやセミナー)
例	・商品やサービスの紹介 ・シティプロモーション ・団体や組織の紹介	・メイキング映像 ・様々な活用事例 ・お役立ち情報 ・新たな使い道や 　継続ノウハウ ・コラボレーション	・商品の使い方や 　操作方法 ・手入れの方法 ・組み立て方法など	・イベントの生配信 ・株主総会の配信 ・セミナーの配信

❶プロモーション

ビジネスにYouTubeを活用する際の大きな目的のひとつが、「プロモーション」で す。商品やサービスのプロモーションから、自治体が行うシティプロモーション、 ワークショップやイベントのプロモーションなど、提供するサービスについての魅 力や価値を動画で伝えるものです。メディアへの出稿には費用がかかる上に、尺も 限られているなど制限もあります。そこで関心の高い顧客に向けて、より詳しく知

ることができる動画をYouTubeにアップロードすることが一般的になっています。

　ある調査によると、YouTubeで企業の公式プロモーション動画を視聴したことがある人のうち、25.0％（4人に1人）の人がその視聴をきっかけに商品やサービスを購入したことがあると回答したというデータもあり、全年齢におけるYouTube視聴時間が年々増加する今、YouTubeチャンネルでプロモーションを行う重要性は高まっています。

❷ナーチャリング（中長期的な興味関心の持続）

　「ナーチャリング」とはマーケティング用語で、見込み客に継続的なコミュニケーションを取ることで、必要なタイミングがきたときに商談や購入、サービス利用へとつなげることができるようにする仕組みのことを指します。YouTubeではいつでも自由に動画を共有できることから、予算を投じて期間を決めて行うプロモーションとは異なり、いわゆる「娯楽やコンテンツ」としての動画を提供し、中長期的に潜在層にアプローチしてファンを増やすことができるようになりました。

　ナーチャリングのための動画では、購入に直結するような情報ではなく、「楽しんで見られる娯楽的な要素」、あるいは「役に立つ情報」が重要になります。例えば、CM撮影現場のメイキングや、園芸店では植物の育て方のレクチャー、調理器具メーカーによるレシピの紹介、プロバスケットチームによる選手のすご技プレイ、自治体による防災に役立つ豆知識など多種多様なものがあります。

　この動画において最も大切なことは「継続性」です。長く興味を持続し、次のリピートにもつながるように毎日あるいは毎週、継続的に動画を発信するようにしましょう。

❸使い方の解説

　ビジネスにYouTubeチャンネルを活用する上で、ある意味最も効果的といえるのが、「使い方の解説」のための動画です。商品の使い方や操作方法について、動画で詳しく紹介するものです。何かの使い方を知りたいとき、インターネットで検索しますが、Google傘下であるYouTubeにアップロードされている動画は検索時に優先的に表示されるようになっています。したがって、YouTubeに自社の商品やサービスの使い方、あるいは問い合わせが多い項目に対する解説の動画があることが重要です。必要性の高い「解説動画」を見たことをきっかけにYouTubeチャンネルの存在を知り、チャンネル内の他の関連動画を視聴する行為にもつながりやすく、効率的にカスタマーにアクセスすることが可能になります。

❹リアルタイム配信（イベントやセミナー）

　YouTubeでは、イベントやセミナーをリアルタイムで配信したり、実施したオンラインイベントの録画をアーカイブとして配信することができます。近年では新型コロナウイルス感染症の影響により多くのイベントがオンラインに場を変えて行われ、YouTubeによって世界中の人に配信されるようになりました。株主総会の様子を録画し、YouTubeでアーカイブ配信することで株主をはじめ、業績に興味のある潜在的な株主への情報提供を行う企業も増えています。

企業や自治体がYouTubeチャンネルを運営する効果

　企業や自治体、組織がYouTubeチャンネルを運営する効果は様々ですが、一般的には大きく3つが挙げられます。

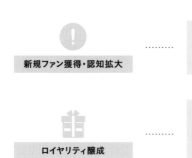

新規ファン獲得・認知拡大　・・・・・・・・・
YouTubeチャンネルの動画を通じて、企業や業界、あるいは領域自体を知り、関心を持ってもらうことで新たなファンの獲得につなげていくことができます。

ロイヤリティ醸成　・・・・・・・・・
YouTubeチャンネルを通じて、既存顧客に対して継続的に情報を提供し関心を維持することで、商品やブランド、サービスへの愛着を深め、ロイヤリティを醸成していきます。買って終わりではない関係性の構築、また次の需要がきたときにファーストチョイスになるよう、長く関心を持続していくことにもつながります。

信頼関係の構築　・・・・・・・・・
YouTubeチャンネルは、エンターテインメント性の高い動画だけではなく、情報を必要としている人にわかりやすく届けることにも役立ちます。自治体でも、YouTubeチャンネルを活用して住民サービスを向上させ、住民やステークホルダーとの信頼関係を深めることも可能です。

YouTube動画を誰が作るか？

　組織としてYouTubeチャンネルで配信する動画を作るには、専門の制作会社などに委託する方法と、自分たちで制作する方法があります。それぞれにメリットとデメリットがありますので、組織に合わせた運用を行うことが重要です。

委託のメリット・デメリット

　動画制作会社に委託するメリットは、「品質の高さ」と「工数削減」。動画制作は現在、誰もができるようになっているとはいえ、習熟にはある程度の時間がかかります。撮影に際しての機材の選定や操作方法、さらに編集に際しての編集ソフトの扱い方はもちろん、動画の企画や構成にも知識や経験が必要です。クオリティの高い動画を短期間で制作する必要がある場合は、プロに委託するほうが安心です。

　委託のデメリットは「費用がかかること」と「ノウハウが内部に蓄積しないこと」。外部に委託した場合の制作費用は、その動画の種類によって様々ですが、数十万円から数百万円ほどです。また、外部に委託することで動画制作に必要な撮影や編集、構成などのスキルが蓄積しないので、自社制作に切り替えることが難しい面もあります。

　このような側面を考慮すると、ある程度の予算をかけてしっかりと良いものを作りたい場合、例えば商品やサービス、あるいは企業や地域の魅力を伝えるための「プロモーション」や、様々な機材と臨機応変な対応が必要となる「イベントのライブ配信」などの動画は、プロに委託することがおすすめです。

自作のメリット・デメリット

　動画を自作する場合は社員の少なくない業務時間が必要になるため、本業への負荷がかかることを想定しなければなりませんが、それでも大きなメリットがあります。

　内製化することでコストメリットがあることはもちろんですが、それ以上に、「動画制作によって社員のモチベーションが上がる」「YouTubeを通じてユーザーや潜在顧客の生の声に触れられる」「部署横断のチームで運営することによって社内でタテヨコのつながりが生まれる」などの効果が期待できます。より具体的なメリットについては、ぜひChapter1でご紹介する4つの事例を参照してみてください。

自ら撮影・編集を行いYouTubeチャンネルが運営できる

　動画制作はハードルが高く難しい、時間がかかるイメージがありますが、テクノロジーが発達し、誰でも簡単にコストをかけずに撮影や編集ができるようになった今、外部の専門業者の力に頼ることなく、動画を撮影・編集することも十分に可能です。

　Chapter1では、自社の社員あるいは職員自らが動画を制作・配信し、成功している4つのチャンネルの事例について、その運用方法やコツを具体的に紹介していきます。

事例❶「職員自らがYouTuberとなって、業界の活性化に貢献する」

『BUZZ MAFF（ばずまふ）』（農林水産省）

事例❷営業自粛をチャンスに変えて、新しいファンを獲得する

『アドベンチャーワールド公式』（アドベンチャーワールド）

事例❸毎月のライブ配信でユーザーとの関係を持続させる

『【公式】ワンダーシェフ 〈圧力鍋〉〈電気圧力鍋〉』(株式会社ワンダーシェフ)

事例❹自治体の広報手段として動画チャンネルを活用する

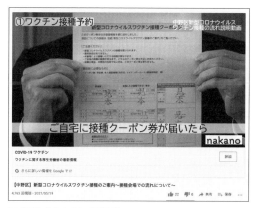

『中野区公式チャンネル』(中野区)

YouTube動画をビジネスに活用していく際に重要なこと

　組織として、あるいはブランドとしてYouTubeを活用していくことで様々な可能性を開く一方で、その最大の壁ともいえるのが「継続していくこと」。YouTubeは誰もが無料でチャンネルを開設できるため簡単に始められますが、続けていくハードルは想像以上に高いものです。YouTubeチャンネルを開設したものの、思ったより再生回数やチャンネル登録者数が伸びず、数ヶ月で更新が途絶えてしまうというようなことにならないためのポイントを3つ紹介します。

❶目的を明確にする

　組織としてYouTubeチャンネルを開設するには、まずは「何のための動画を配信するのか」を事前に明確にしておく必要があります。新しいファンを増やすためなのか、既存顧客や住民の「困っている」「必要としていること」に応えるためなのか。それによっておのずと発信する動画も変わってきます。また、もし目的が「顧客や住民の困っていることに応えるため」であれば、たとえ再生回数や登録者数が伸びなくとも、必要としている少数の人に見てもらえていれば、その動画の効果は高いといえます。目的を明確にしないままスタートすると、目先の数字に一喜一憂し、再生回数や登録者数が伸びてくるには半年から1年以上はかかるといわれていますので、その期間に耐えきれずに終わってしまうことにもなりかねません。何のためにYouTubeチャンネルで動画を発信するのかをぜひ、関わるメンバー全員で共有しておきましょう。

❷短期的な成果を求めない

　YouTubeチャンネルを運営する際に、組織として実施する以上はKPIを置いてその成果を測定したくなるものです。KPIとしてよく用いられるのがチャンネル登録者数です。YouTubeではチャンネル登録者数が1万人を超えると、動画を収益化できるようになります。また、10万人、100万人の節目でYouTubeチャンネルから「銀の盾」「金の盾」が贈られることもあり、早くそこに到達したいという心理がかき立てられます。しかし、チャンネル登録者数は何か明確な努力をしたら増えることが約束されるものではなく、運にも大きく左右されます。また組織として運営する以上は過激な表現は控える必要もあり、大きな話

題をさらう動画を作ることは簡単ではありません。したがって、短期的な成果を求めることはせず、大きな海に釣り糸を垂らすがごとく、じっくりと長期的に向き合っていくことが重要です。

　初期の頃は再生回数や登録者数ではなく、「月に何本制作する」「週1本制作する」など継続して動画を作ることを目標に設定することもおすすめです。

❸仕組み化する

　YouTubeチャンネルでは、継続的に動画を配信することが重要です。週に1、2本の動画を長期的に制作していくには、仕組み化することが必要です。Chapter1では、具体的に組織としてYouTubeを運用する4つの事例を紹介していますが、いずれも組織の中でルーティンに組み込みながら負担を分散し、継続できるような工夫がなされていました。組織としての強みを活かしながら、関わる人全員で楽しみながら取り組める体制作りをしていけるかがポイントです。

それでは、次のページからいよいよ、具体的な事例を紐解いていきます。

→ Chapter

1-2 ▶ ［事例1］職員自らが YouTuberとなって 業界の活性化に貢献する

▶ BUZZ MAFF（農林水産省）

農林水産省大臣官房広報評価課広報室が運営するYouTubeチャンネル。登録者数
11.6万人（2021年10月末時点）。現役の国家公務員がYouTuberとして登場し、農
林水産省が扱うテーマについて幅広い企画の動画を配信しています。

チャンネルTOP画面

チャンネル内で人気の動画

①【BUZZMAFF】農水省から皆様へのお知らせ

　2020年に新型コロナウイルス感染症の拡大に伴う全国一律の緊急事態宣言によって多くのイベントや式典、歓送迎会が中止になりました。贈答用の花の需要が大きく落ち込む状況の中、「花を生活に取り入れましょう」と訴求する動画を配信。公務員からの真面目な訴えと思わせて徐々に笑いへと転換する動画が反響を呼び、Yahoo!ニュースのトップに取り上げられるなど大きな話題に。九州農政局の入局1年目の新人職員2人によるYouTuberチームが手がけました。

引用元URL：

https://youtu.be/Mlky1vJI0EY

②大臣にアフレコしてみた。

　新型コロナウイルス感染症の拡大に伴い、3密を避けるなどの対策を訴えるために農林水産省の江藤拓大臣（当時）が行った会見に、職員が宮崎弁でアフレコを行った動画。真面目な大臣の会見とゆるい宮崎弁というアンバランスが話題を呼びました。

引用元URL：

https://youtu.be/Ck9Gy4ocfr8

チャンネル開設の背景と狙い

農林水産省
大臣官房広報評価課　広報室
松本 純子 氏（写真左）
白石 優生 氏（写真右）

「官僚YouTuber」誕生のきっかけは、大臣の鶴の一声

　2019年秋に農林水産省大臣に就任した江藤拓氏（当時）より、広報室に対して「農林水産省の取り組みを若い世代に訴求するために官僚もYouTuberとして発信をしていってはどうか」と提案がありました。しかし当時の広報室ではYouTube運営の経験者はゼロ。何も知見がない状況で、ゼロから手探りで立ち上げていきました。

　農林水産省として伝えたい情報をきちんと届けるために、まずは「面白そう」と興味を持ってもらうきっかけを作ることを考えました。そこで、農林水産省の公式チャンネルとは別のチャンネルで、官僚YouTuberによる発信に特化したチャンネル「BUZZ MAFF」を2020年1月に開設し、運用をスタート。YouTuberとしての活動をやってみたい人を省内で募集したところ、日本茶マニアや、サツマイモ愛が深い人など、動画発信への意欲が高い職員や農林水産業の各分野への専門知識を持った職員から多くの手が上がりました。

3つの壁「前例がない、機材がない、仕組みがない」をどう突破する?

　広報室の松本さんは官僚YouTuberチャンネルを開設するにあたって、3つの壁にぶつかったといいます。ひとつ目は「前例がない」こと。「前例がないので無理」といわれてストップすることがないよう、事前にマニュアルを準備しました。

「公務員はマニュアルに沿って実施することが得意ですから。そうやって誰もができる仕組みも作っていきました」（松本さん）

　2つ目の壁は「機材がない」こと。これには関わる人が共同で使える機材を購入し、個人への負担を軽減することで対応しました。機材の選定は人気のYouTuberのチャンネルの機材紹介の動画をたくさん見たり、組織内にいるカメラに詳しい職員に聞いたりしたことが役に立ちました。

　3つ目の壁は「仕組みがない」こと。専業YouTuberとは異なり、本業がある公務員がYouTuberの活動を行うには、限られた時間で効率的に、かつ特定の個人に負

担が偏ることなく行う必要があります。そのための「仕組み」として、動画の企画制作と運用支援を分担する体制と、基本的な手順を決め、継続的に動画を配信する体制を整えました。それでは、具体的にどのように運用しているのか、見ていきましょう。

チャンネル運用体制と運用フロー

YouTuber担当職員

動画の撮影編集はYouTuber担当職員が行う。常時19チーム前後が動いていて、各チーム月2回を目安に制作。チャンネルとしては毎日ひとつ動画が投稿されるペースで運営。チームは3ヶ月ごとの入れ替え制で、毎回オーディションをして選定。チームメンバーの所属は本省から地方農政局まで様々。

広報室

チャンネル運用にまつわる様々な業務を行う。「芸能事務所のマネージャーのような仕事です」(松本さん)。すべてのチームのスケジュール管理や企画の相談、あるいはメディアからの取材対応、さらに動画ごとの効果の振り返りとフィードバックなども。最近はメディアへの露出が増えたことによって各所からコラボ依頼や講演依頼も多く舞い込むようになったそう。

使用機材

カメラ	・Panasonic / LUMIX GH5 ・GoPro / HERO8 ・Sony / HXR-NX80 などを広報室で常備し、必要に応じて貸し出している	
マイク	（ガンマイク）Sony / ECM-MS2 （ピンマイク）Sony / UWP-D21 など	Sony HXR-NX80（ビデオカメラ）とエレクトレットコンデンサーマイクロホンECM-MS2（マイク）
PC（OS）／動画編集用ソフト	（OS） Microsoft Windows （ソフト） Adobe Premiere Elements	

動画制作こだわりポイント

企画を考えるコツは、「伝えたいテーマ」×「身近なネタ」

　話題となった、コロナ禍における花の訴求動画を企画制作し、さらに多くのヒット動画を手がけている官僚YouTuber 白石さんに、動画制作のこだわりポイントを聞きました。まずはズバリ「多くの人に見てもらえる動画を企画するポイント」は何でしょうか。

「企画を考える際は、まずは農林水産省として何を伝えるかというテーマを考え、次にどうやったら多くの人に見てもらえるかを考えます。『和食が世界遺産に登録された』というテーマの動画を作ったことがありましたが、その際は23歳独身公務員男性の家ごはんの紹介という企画にしました。抽象的なテーマを客観的に伝えるのではなく、なるべく身近な主観的なネタのほうが見てもらいやすいと思います。あ

とはただ話すのではなく紙芝居にするなど、ビジュアルで伝える工夫もしています」
（白石さん）

撮影風景

「企画の魅力」より「人の魅力」を追求すべし

　動画の反応が悪いとき、動画のネタや企画が悪かったのではないかと考えがちです。しかし、見直すべきは企画よりも「人の魅力」にあると白石さんは話します。
　「視聴者は、YouTuberの反応や言葉など、"その人らしさ"に魅力を感じて動画を観ているんです。したがって企画やネタではなく、人の打ち出し方を見直すことが重要です。人に魅力を感じてもらったら、どんな動画でも見てもらいやすくなりますから」
　そうはいっても、そんな魅力や特徴がある人は少ないのでは？と感じますが、人の魅力とは「人と違うこと」ではなく「人と同じであること」「職業イメージとのギャップ」に潜むといいます。
　「真面目な公務員が、なんとか面白くしようとしている、その過程が魅力になります。結果としてチャレンジが失敗してもいいんです。その人らしさや素がにじみ出ているときに応援したくなるのかなと。逆に、無理に方言を話したりキャラを作り込んでも、うまくいかないことが多いですね。僕の場合は意識せず使っていた九州弁を面白がってもらったのですが、そのように素の自分で面白いねと思ってもらえるところを人に聞いたりして探すといいと思います」（白石さん）

サムネイルとタイトルを決めてから企画を決める

　YouTubeはクリックしてもらって、初めて動画が再生されます。したがってクリックの判断を決めるサムネイルとタイトルは非常に重要です。

「サムネイル8割、タイトル2割でクリックされるかが決まると考え、サムネイルとタイトルを決めてから企画を決めるようにしています。サムネイルでできるだけわかりやすく、興味を引く工夫をしています。基本はまず、顔と表情が見えること。さらに動画の内容と整合性がとれていること。面白いか面白くないかが事前にわからない動画は見てもらえないので、変にひねったり隠したりせず、どんな内容の動画かがひと目でわかるようにしています」（白石さん）

白石さんが制作した動画のサムネイル例

YouTubeチャンネルを運用することのメリット

様々な団体や企業とのコラボレーションが生まれるきっかけに

　YouTubeチャンネルを始める際、当初は周囲からの心配の声のほうが大きかったといいます。

「他の省庁の人からよく、大丈夫？といわれて、すごく不安でした。炎上するんじゃない？とか。でもいざ始めてみると、好感を持って見てくれる人が多いことに驚きました。危惧していた炎上も起こらず、組織にも受け入れられ始めていると感じます。また、チャンネル開設をしてから、熱心に色んなメディアにニュースリリースを出したり、何度もアプローチをしたことによって徐々に取り上げてくださる媒体が増えていきました。地上波の番組にも登場したことで知名度が上がり、他の省庁だけでなく、様々な農業団体や企業から、コラボレーションしたいといっていただけるようになりました。これまでにも海上保安庁や環境省ともコラボ動画を出したりと、実際に協業しながら今までにない

ネットワークを築けたことが大きな収穫です」(松本さん)

若手職員のモチベーション向上に

　YouTuberチームの多くは、自らやりたいと手を挙げた20代から30代の若手職員です。実際にその1人でもある白石さんは、YouTubeチャンネル運営に「ワクワクした気持ちで手を挙げた」といいます。

「自分は学生時代から学園祭で動画を作ったりもしてきたので、動画を作ることや動画に出演することにまったく抵抗はありませんでした。むしろ、農林水産省を背負って発信ができるまたとない機会だと感じました。大臣によるトップダウンの施策であることも若手の自分にとっては重要でした。こういう前例のない取り組みはボトムアップだとなかなか実現しないことも多いので。組織で応援してもらえることや、動画を楽しみにしてもらえることも力になっています」(白石さん)

1-3 ［事例2］営業自粛を チャンスに変えて、 新しいファンを獲得する

アドベンチャーワールド公式（アドベンチャーワールド）

　和歌山県白浜町のテーマパーク「アドベンチャーワールド」が運営するYouTube
チャンネル。登録者数11.3万人（2021年10月末）。ジャイアントパンダをはじめ、
様々な動物の成長や生態を楽しく学ぶ動画に加えてライブ配信、VRライブ配信など
多様な企画を提供しています。

チャンネルTOP画面

チャンネル内で人気の動画

①【パンダの赤ちゃん（楓浜）】初めての日光浴の様子は…？

2020年に誕生したジャイアントパンダの楓浜が、初めて日光浴をする様子の動画。楓浜の成長記録は毎日更新され、人気のコンテンツのひとつ。

引用元URL：
https://youtu.be/szz7myqxvQA

②休園中のアドベンチャーワールドのサファリワールドを探検！
（サファリ担当スタッフが詳しく解説いたします）

新型コロナウイルス感染症の拡大に伴い、休園を余儀なくされた2020年5月。実際に足を運ぶことができないゲストのために、休園中のサファリワールドを、サファリ担当スタッフが案内する動画を配信しました。通常見ることができない休園中の園内の様子を、専門スタッフによる解説つきでじっくりと見ることができる貴重な映像とあり、多くの反響がありました。

引用元URL：
https://youtu.be/QXJ87sbnwmo

チャンネル開設の背景と狙い

アドベンチャーワールド
広報スタッフ兼オンラインコンテンツチームメンバー
松尾 篤志氏
北村 あすか氏

緊急事態宣言による2ヶ月間の長期休園が
YouTubeチャンネル活用のきっかけに

　アドベンチャーワールドが公式YouTubeチャンネルを立ち上げたのは2016年6月。当初は映像制作会社に委託し制作したプロモーション映像を配信していたものの、積極的に活用はしていませんでした。状況が一変したのは2020年春。新型コロナウイルスの感染症拡大予防のため、開園以来初めてという2ヶ月に及ぶ長期休園という決定がなされました。リアルでゲストを迎えることが困難な状況で、「動物たちが元気に過ごしている様子を届けられたら」と、YouTubeチャンネルを通じた動画の配信をスタート。人気の高いジャイアントパンダの成長記録動画のほか、前述の休園中のサファリワールドの紹介動画、さらにはライブ配信で飼育員がコメントを通じてリアルタイムに視聴者の質問に答えながら動物を紹介する小学生向けの「ミライSmile教室」シリーズなど、スタッフ自ら企画撮影編集を行い、多くの動画を配信しました。この期間によって、動画配信への手応えを得ました。
　「臨時休園中、学校に行けなくなった子どもたちが楽しめるようにと企画したミライSmile教室をはじめ、配信した動画へのコメントから、励ましのお言葉をたくさんいただいて、ゲストから求めていただいているんだと感じました。オンラインだからこその楽しみを提供できることがわかったので、緊急事態宣言解除後も継続して動画の配信を続けています」（松尾さん）

部署横断で結成したオンラインコンテンツチームを立ち上げ、
YouTubeチャンネルを運用

　YouTubeチャンネルを運用していくにあたって、広報スタッフに加えて、社内で手を挙げた、動物飼育、ショップ担当などおよそ40名からなる部署横断のオンラインコンテンツチームを立ち上げました。当初は手探りで動画制作にあたっていましたが、常時5〜7チームが動画制作を行いながら、企画会議によってクオリティを担保しつつ、毎月動画ごとの効果の振り返りを行いながらPDCAを回す体制を構築したことによって、組織として安定して運用していけるようになっていきました。

チャンネル運用体制と運用フロー

・オンラインコンテンツチーム

およそ40名の部署横断オンラインコンテンツチームが、それぞれ5〜7チームに分かれて動画の制作を行う。基本的に撮影をメインで行ったスタッフが編集まで担当することが多い。チーム制にすることで、個人ごとに撮影や編集スキルに差があっても、助け合い教え合うことで、習得していくことができる。

・広報スタッフ

動画のとりまとめや動画チェック、配信作業、配信後の振り返りミーティングなどを行う。動画の企画制作自体は各チームが行うが、毎日更新する成長記録などのコンテンツは、撮影編集を広報スタッフが行う。

使用機材

カメラ	・Canon / XA40 ・Sony / FDR-AX60 ・Sony / α7 Ⅲ ・Sony / VLOGCAM ZV-1 ・DJI / Osmo Pocket ・GoPro / HERO8	
マイク	（ピンマイク） Tascam / DR-10L （ワイヤレスピンマイク） Rode / Wireless GO （ガンマイク） Sennheiser / MKE-600	Canon XA40　と Tascam　DR-10L ピンマイク
PC（OS）／動画編集用ソフト	（OS） Microsoft Windows （ソフト） Adobe Premiere Pro	他のSNSへの投稿や販促ツール作成のためにPhotoshopやIllustratorなどのソフトを使用することもあり、同じAdobeのPremiere Proを使って編集も行います

動画制作こだわりポイント

当事者だからこそ撮影できる動物の姿を伝える

　撮影にあたって大切にしているのは、日々直接飼育に関わる自分たちだからこそ撮影できる、動物本来の姿、ありのままの姿を届けるということ。ゲストが見ることのできない時間帯の過ごし方や、赤ちゃん動物の毎日の成長姿など、当事者ならではの映像を撮影するようにしています。また、動物だけでなく飼育スタッフやアドベンチャーワールド全体への興味関心も持ってもらえるように工夫をしています。動きの少ない動物では、観ている人が飽きないように、様々な角度から撮影す

ることがポイントです。

　1回目の緊急事態宣言が明けた直後に実施した「24時間ライブ配信」では、各スタッフが持ち回りで30に及ぶ動画企画を25時間かけて行いましたが、それも当事者が直接配信するから届けられた映像ばかりで、視聴者からも反響が大きかったといいます。

動画撮影風景

「企画会議」で動画のクオリティを担保

　アドベンチャーワールドのYouTubeチャンネル運営体制を支える柱となるのが毎週1回行われる「企画会議」。ここでは、チームで練った企画書をリーダーが代表して持ち込み、各チームのリーダー、さらに経営トップも加わり、動画の内容を精査しブラッシュアップしていきます。企画書は汎用のものになっていて、動画タイトル、内容、目的、ターゲット、さらに絵コンテ、SDGsの観点、動画制作スケジュール、費用といったことまで記載するため、企画書の段階である程度の完成形は見えた上で、どうやったらもっとわかりやすく伝えられるか、撮影時にこだわるところはどこかなどを参加者全員で話し合います。オンラインコンテンツチームは全員がそれぞれ他の主務のある兼務メンバーで、動画制作スキルもそれぞれです。複数のチームが同時に動いていますが、この「企画会議」によって、一つひとつの動画のクオリティを担保できる仕組みになっています。

「アドベンチャーワールドというブランドとして動画を制作するにあたって大切にしているのは、SDGsの観点が入っているか（逸脱していないか）、アニマルエコロジーに伝えられるものがあるか、エンターテインメント性があるかということ。あとは労力がかかりすぎないか、なども考慮します」（松尾さん）

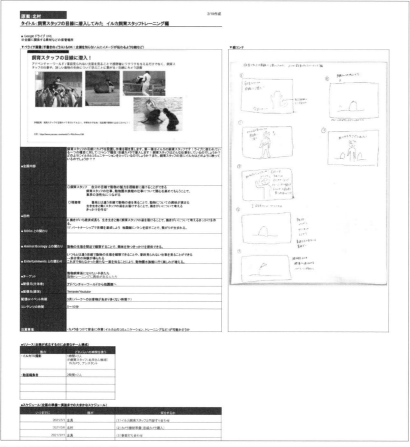

チームから提出された企画書の一例

動画の想定視聴者によって、構成や表現を変える

　アドベンチャーワールドに実際に足を運ぶゲストは、3世代（祖父母、両親、子ども）と幅広いため、動画ごとの想定視聴者に合わせて構成や表現を変え、より伝わりやすくなるようにしています。例えば、小学生の子ども向けの「ミライSmile教室」シリーズでは、できるだけ専門用語は使用しない、難しい漢字にルビを振るなどの配慮をしています。ジャイアントパンダの成長記録では、ありのままの成長を感じてもらえるように極力テロップの説明要素は少なくし、成長の早い赤ちゃんの変化を見続けられるように毎日更新しています。

YouTube チャンネルを運用することのメリット

社内全体でタテヨコ連携が強化、さらに地域の機関とのつながりも

　YouTube チャンネル運営を部署横断のオンラインコンテンツチームで行うことで、普段関わることの少ない部署のメンバーと連携し、相談できる関係性を築くことができています。さらに動画制作を通じて自分の担当する領域以外の業務を知ることや、自分の仕事の意義を再確認する機会になります。

　また、企画会議に経営トップも加わることで、トップがどのようなことを大事にしているかが直にわかり、普段の業務でも視座を高く捉えられるようになるなどの効果も生まれています。動画を通じて、ユーザーの反応やコメントにより、これまで見えてなかった「動物の魅力」を発見でき、これまでにない展示の方法に気づくきっかけにつながっています。

　また、地域の団体や企業に出演してもらったことを通じてつながりが生まれ、イベントなど動画以外のプロジェクトへと発展していくこともありました。

全国に新しいファンを獲得

　臨時休園期間中に足を運べなくなったゲストのために、動物の元気な姿を届けたいと始めたYouTube チャンネルでしたが、様々な動画を配信するうちに、動画によって初めてパークを知ったという人や、訪れたことはないけれど動画に興味を持ったので足を運んでみたいというコメントも増え、新たなファンを獲得することにもつながっています。また、飼育スタッフを含めたたくさんのスタッフが動画に登場していることで、訪れたゲストから声をかけられる機会が増えたといいます。これは、一般的な「動物園」を超え、動物だけでなく飼育員やスタッフを含めた「アドベンチャーワールド」全体への興味が芽生え、それがブランドへのロイヤリティ向上に寄与していると考えられます。

「ご来園が難しい方もご自宅でお楽しみいただけるコンテンツを提供できるようになり、YouTubeをはじめ、SNSを通じて、アドベンチャーワールドがゲストにとって常にそばにある、身近な存在になっていたら嬉しいですね」（松尾さん）

1-4

［事例3］毎月のライブ配信でユーザーとの関係を持続させる

【公式】ワンダーシェフ 〈圧力鍋〉〈電気圧力鍋〉（株式会社ワンダーシェフ）

　圧力鍋をはじめとした金属製厨房用品を製造する株式会社ワンダーシェフが運営するYouTubeチャンネル。毎月1回、お昼に自社の圧力鍋などを使った料理のライブ配信を行っています。

チャンネルTOP画面

チャンネル内で人気の動画

①サラメシ後初！　ワンダーシェフWebライブ
「圧力鍋で定番のカレー！旬の野菜で免疫力を上げよう！！」

　2021年にNHKの人気番組『サラメシ』にて、伊藤代表のお昼ご飯とライブ配信の様子が取り上げられました。放送の翌日に行ったライブ配信でチャンネル登録者が3000人近く増加しました。現在もアーカイブで視聴数が伸びています。

引用元URL：
https://youtu.be/JcSuRydrHMk

②ショコライム・エリユム
ふたが開かなくなった際の対処法と原因

　お客様から問い合わせの多い「圧力鍋の蓋が開かなくなった場合はどうしたらいいか」についての対処法を紹介した動画。現在も再生回数が伸びている動画です。

引用元URL：
https://youtu.be/0YJXpsbOsg0

チャンネル開設の背景と狙い

株式会社ワンダーシェフ
代表取締役　伊藤彰浩 氏

きっかけは「使い方がわからない」というお客様の問い合わせ

　株式会社ワンダーシェフのYouTubeチャンネル開設のきっかけは、お客様からの問い合わせに応えるためでした。

「当社の主力商品は圧力鍋なのですが、日々お電話でお客様からお問い合わせを受けています。中には『圧力がかかっているってどんな状態？』というように、電話で伝えるには難しいこともあって、それならば実際に動いている様子をお見せできる動画を作ろうというのがYouTubeチャンネルを始めたきっかけでした。最初は、おもりが振れているだけの動画や、蓋の閉め方といった動画を配信していました」（伊藤代表）

コロナ禍により自宅で料理をする人が増加し、
圧力鍋料理のライブ配信を開始

　2020年3月、新型コロナウイルス感染症の影響で自身も在宅ワークになった伊藤代表。自宅で過ごす時間が増え、料理をする人が増えることを見越して、お昼ご飯の支度の時間帯である午前11時から12時の間に圧力鍋を使った料理のライブ配信をしてみようと思いつきます。

　当初は自宅の一角を使ってライブ配信を行い、その後、会社のショールームに場所を移して月に1回、圧力鍋を使ってできる料理の配信を行っていきます。

　伊藤代表が通常の動画ではなく、ライブ配信にこだわるのには、2つの理由があるといいます。

　ひとつは「お客様とダイレクトにコミュニケーションができる」こと。YouTubeをはじめとしたSNSでのライブ配信では、視聴者からのコメントに対してその場ですぐに返すことができたり、視聴者同士でのコメントによる交流も生まれます。ユーザーと直接やりとりすることで、思わぬニーズに気づくことができ、商品開発に役立てることも期待できます。

ライブ配信中の様子

　もうひとつの理由は「編集の手間がかからない」こと。ライブ配信であれば、撮影している様子がそのまま配信され、修了後はアーカイブとしてYouTubeチャンネルに公開することもできます。動画制作で最も工数のかかる編集作業から解放されることで、本業で忙しい中でも継続して毎月の配信ができています。

チャンネル運用体制と運用フロー

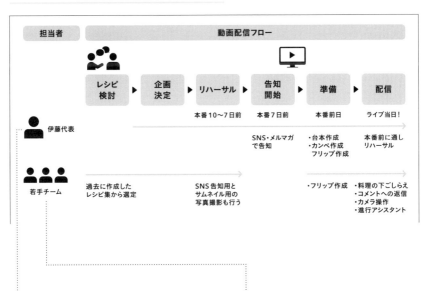

・伊藤代表

レシピやテーマの決定は、若手チームに任せることがほとんど。「今月は居酒屋というテーマでこのレシピでやります！というのが決定事項として知らされます。それから、じゃあ何を話そうかと準備していきます。以前は、デパートなどの店頭での実演販売をやっていましたから、実演しながら話すことは慣れていました」（伊藤代表）

・若手チーム（企画広報課）

配信当日は、話者である伊藤代表に加えて、カメラマン、チャット対応、撮影アシスタントの4名体制で行う。チャット対応メンバーは、配信画面をモニタリングしながら、チャットに寄せられた質問に答えたり、キャンペーンのお知らせなど関連URLをチャットに投稿する役割を担い、撮影アシスタントは料理の材料を準備したり、配信中に料理の入れ替えを行います。

使用機材

カメラ	・Canon / EOS 6D Mark Ⅱ	 Canon EOS 6D Mark Ⅱ
マイク	Sony / HDR-MV1 （マイク機能のみ使用）	 Sony HDR-MV1 を配信用のPCにつなぎ、マイク機能だけ使用
PC（OS）／動画編集用ソフト	(OS) Microsoft Windows	 社用ノートPCを配信用デスクに置いて、常に配信画面を見ながら話す。他にもう1台、チャット対応用のパソコンを使用

動画制作こだわりポイント

ライブ配信の成功の鍵は「リハーサル」にあり

　ライブ配信をスムーズに行うには、事前のリハーサルが欠かせません。

「10日〜1週間前に、本番通りのレシピで料理を作るリハーサルを行います。リハーサルでは、『誰もが簡単に美味しく作れるか』『ライブ配信の時間で表現しきれるか』を確認して、配信で伝えるべきポイントや、どの工程を前もって下ごしらえしておくかなどを整理します。さらにこのリハーサルで作った料理を撮影しておいて、それを本番のYouTubeライブ配信前、配信後（2種類）のサムネイル画像にしたり、ライブ配信を告知するSNSで使用します」（伊藤代表）

　リハーサルはさらに、当日の本番1時間前にも通しで行い、台本を見ながら流れを最終確認。限定公開のURLを発行し、映像や音声もチェックします。

「そこでもスプーンがない！とか、いろいろと出てくるんですよね」（伊藤代表）

　2回のリハーサルを経て、本番に挑みます。

　また事前に台本はあらかじめ拡大印刷をして、カメラの前に貼り出して本番中も見えるようにしています。

本番直前1時間前のリハーサル風景

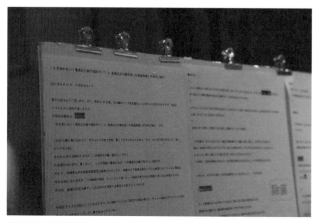

張り出された台本（拡大）

ロイヤルカスタマーの力を借りる

　ワンダーシェフでは、購買者の中から、いわゆるロイヤルカスタマーによる「ア
ンバサダー」を結成し、イベントやSNSを通じた発信、アンバサダー同士の交流な
どの活動を行ってきました。ライブ配信を始めてからは、そういったアンバサダー
の方々が積極的にコメントを投稿したり、SNSでシェアするなど、少なくない役割
を果たしてくれているといいます。また、アンバサダーさん考案のレシピで配信を
行うこともあります。

キャンペーンと連動させる

　配信中、圧力鍋で調理中の空き時間や配信の最後などにその期間に実施している
キャンペーンの告知を行います。キャンペーンのお知らせはあらかじめ内容を書い
た紙を印刷したフリップを準備しておくことで、ライブ配信であっても情報をきち
んと伝えることができます。また、コメント返信係のスタッフが伊藤代表がキャン
ペーンについて話しているタイミングで、キャンペーンの詳細がわかるURLをコメ
ント欄に投稿することも大切です。

キャンペーン告知用のフリップ

アクシデントも「面白さ」に変える

　どんなに入念に準備をしていても、思わぬ事態が起こってしまうのもライブ配信ならでは。過去にもリハーサルではうまくいっていた料理が本番ではうまくいかなかった、仕上がった料理が熱すぎて食レポがうまくいえなかったなど大小のトラブルが発生しました。しかし、通常は立て板に水のように進行する伊藤代表の「素顔」が垣間見える瞬間が視聴者の興味を引き、アクシデントを視聴者が面白がってくださっていることに気づいてからは、それをネタにして肩の力を抜いて話すようになったといいます。

YouTubeチャンネルを運用することのメリット

莫大な広告費をかけなくとも、様々なメディアへの露出の機会 UP

　YouTube チャンネルを通じてライブ配信を行うことで、多額の広告費を投じなくとも様々なメディアに露出する機会が増えていきました。
　「先日も LOFT さんのオウンドメディアにお声がけいただいて出演をしたり、他にも様々な取材にお声がけをいただくことが増えました。NHK のサラメシ放送直後は当社のサーバーがダウンするほどアクセスをいただきましたが、その際も YouTube チャンネルをやっていたことでそちらが受け皿になってくれて、

商品の認知につながりました。今はいろいろな会社や団体が自社でメディアを持って発信している時代ですから、当社の商品と親和性が高いところとコラボレーションをするなど露出を増やしていくこともチャンスにつながると思います」（伊藤代表）

使い方説明の動画で、問い合わせ対応の労力も軽減

　YouTubeチャンネルを始めたきっかけである「使い方がわかる動画」についても、作ってアップロードしておけば、お客様が自ら検索してこの動画を見て解決したり、問い合わせ窓口で動画のお知らせをするだけで解決することもあり、問い合わせ対応への労力削減につながっています。説明書を読まずに使い始める消費者が多い中で、困ったときにビジュアルでわかる動画があると、その安心感から商品や企業への愛着が生まれる可能性も高いでしょう。

動画でアイデア立案・実施・振り返りの能動的なサイクルを生み出す

「うちは鍋屋なので、大企業のような広報専門の部署はありません。企画広報課メンバーは開発やお客様相談室などいろいろな業務を掛け持ちしている状況で、動画の配信についても、やりたいという若手を中心に兼務でチームを結成してやってもらっています」（伊藤代表）。

「配信はワクワクしながら取り組んでいます。社長に提案して、今度、自分でも圧力鍋動画を撮影する予定です！」（企画広報課リーダー）

　というように、YouTubeチャンネルを通じた動画は、自ら企画し、制作・その成果を振り返りまで自分で行うことができるので、社員が楽しみながら能動的に仕事に取り組むサイクルを生み出す効果も期待できます。

1-5

[事例4] 自治体の広報手段として動画チャンネルを活用する

▶ 中野区公式チャンネル（中野区）

　中野区が運営している公式チャンネル。区長の定例会見のほか、新型コロナウイルス感染症についての各種お知らせや自宅でできる子どもの手遊びの動画など住民に役立つ情報を配信しています。

チャンネルTOP画面

チャンネル内で人気の動画

①【中野区】新型コロナウイルスワクチン接種のご案内
〜接種会場での流れについて〜

　2021年に区民への新型コロナウイルス感染症ワクチン接種が始まった際、接種の予約方法や会場に到着してから接種までの流れを解説した動画。

引用元URL:
https://youtu.be/GQpQA6yFOdU

②【手作りおもちゃ　段ボールでひっぱり遊び】
中野区の保育士さんが幼児が喜ぶ手作りおもちゃを伝授します

　新型コロナウイルス感染症の拡大に伴い、自宅で遊ぶ時間が増えた幼児とその親に向けて、区内の保育園の保育士による、自宅でできる様々な遊びを紹介する動画をシリーズで配信。そのうちのひとつである1歳前後の子ども用の手作りおもちゃの作り方動画。

引用元URL:https://youtu.be/eqyjMmhLWzc

チャンネル開設の背景と狙い

中野区
企画部 広聴・広報課
伊藤 大輝 氏（写真左）
髙橋 智也 氏（写真右）

新型コロナを機に「住民が必要とする情報」にシフト

　公式のYouTubeチャンネルを開設している自治体は珍しくないものの、継続的に動画を配信し続けることは簡単ではありません。中野区も当初はケーブルテレビで放映された番組のアーカイブとしてYouTubeチャンネルを運営していて、動画の数もバリエーションも多くありませんでした。動画配信に本腰を入れたのは、新型コロナウイルス感染症の流行により、住民が必要とする様々な情報を早くわかりやすく伝えるためでした。高齢者からの問い合わせの多かった「特別定額給付金」の申請の方法や、外出自粛になり登園できない子どもやその親への自宅でできる遊びの動画、人が集まって防災訓練が実施できない状況でも楽しく学べる防災知識、あるいは認知症高齢者介護でなかなか外出できない家族に向けた、専門家による「中野区認知症YouTube講座」など、「コロナ禍で住民が必要とする情報、役に立つ情報」を軸に、職員自らが撮影編集を行った動画を週1、2本のペースで配信し続けています。

「住民サービス」としてのYouTubeチャンネル運営へ

　中野区ではYouTubeチャンネルを「動画のアーカイブ閲覧場所」ではなく「住民サービスのひとつ」と位置づけ、区民に寄り添う動画を作るように心がけています。「コロナ禍になって、最初に配信したのが、区長から住民の皆さんへのメッセージの動画でした。それまでの動画は大体視聴数が数十回ほどだったのが、配信後すぐに1000回近い視聴があり、必要な情報は見てもらえるんだと手応えを得ました。中野区は紙の区報やFacebookなど他のSNSでの発信も行っていますが、情報の種類によって最適なコミュニケーション方法を使い分けています。YouTube動画は即時性と視認性が高いので、すぐに必要で困っている人が多い問題へのやり方の解説や、子どもや日本語が苦手な方など、非言語のほうが理解しやすい立場の方への情報提

供に向いているメディアです。1人でも多くの住民の皆さんに情報を届けるには、手段はたくさんあったほうがよいので、YouTube チャンネルを含め SNS などを通じて発信していくことが住民サービス向上につながっていくと考えています」(髙橋さん)

チャンネル運用体制と運用フロー

・広聴・広報課

3名のメンバーが YouTube チャンネル運用を担当。現場からの企画の相談や撮影を手伝ったり、自分たち自身で企画した動画の撮影編集も行いますが、一番重要なのは「配信前の第三者チェック」の役割。「一度でも世に出てしまうと削除しても広がってしまうのが SNS ですので、編集者とは別の人間が、誰かが不快に思うような表現がないかなどをチェックしています」(髙橋さん)

・現場の課の職員/ステークホルダー

動画の多くは、保育園・幼稚園課や防災危機管理課など現場の職員が主体となって作成。動画のテーマを現場の課が考え、それに対してステークホルダーに連絡してどのような動画で伝えるかを企画。一緒に動画の撮影も行う。

使用機材

カメラ	・Sony / α 6100 ・Sony / HDR-CX470	
マイク	（ガンマイク） Rode / VideoMic Pro+ コンデン サーマイク VMP+	Sony α6100とRode VideoMic Pro+コンデンサーマ イクVMP+
PC（OS）／動画編集用ソフト	（OS） Microsoft Windows （ソフト） CyberLink PowerDirector	 「役所のパソコンはそこまでハイスペックではないので、以前 Premiere Pro を使ったときはパソコンが固まってしまって。比較的軽い PowerDirector を使っている職員が多いです」（髙橋さん）

動画制作こだわりポイント

広聴・広報課で抱え込まず、現場、さらにその先のステークホルダーと連携

　チャンネル運営を担当する広聴・広報課が、動画制作のすべてを担うのではなく、制作業務は現場の課（例えば保育園・幼稚園課や防災危機管理課など）が行い、さらに動画の企画は現場の課が、それぞれのステークホルダーとともに行っています。これによって特定の職員への業務の偏りを防ぐことができるだけでなく、動画制作のノウハウが広聴・広報課だけでなく現場部署にたまっていくので、動画制作の担い手を増やしていくことができます。動画の企画は、ゼロから自分たちで考えると時間もかかり大変ですが、ステークホルダーに相談することで、例えば保育園の保育士から「こういう遊びが子どもたちにウケがいいですよ」とか、消防署職員から「防

災訓練イベントでやるこのデモンストレーションならよいと思いますよ」などアイデアを得られることが多いといいます。企画段階からアイデアをもらってどんな動画にするかを共に考えることで、撮影の進行がスムーズになったり、撮影に主体的に参加してもらえる機運作りにもつながります。また、公平性の観点や、多様なアイデ

保育園での動画撮影風景

アを得られるという点からも中野区の10カ所の区立保育園の約半数近くの園とともに動画を作るなど、幅広く協力を募ることも配慮しています。

対象となる視聴者それぞれにとってわかりやすい編集を

特定のファンが集うYouTubeチャンネルとは異なり、自治体の広報である中野区公式チャンネルでは、未就学児向けから全世代向け、あるいは高齢者向けなど幅広い世代に向けた動画が配信されています。したがって、「この動画は誰に向けたものか」を常に意識して、例えば高齢者向けの動画であれば、なるべくテロップは大きめに見やすく表示させ、子ども向けの場合は逆にテロップはほとんど使わず、保育士による語りかけによって構成する、あるいは普段よく接している紙芝居のような表現で伝えるなど、それぞれの世代に合わせた編集を心がけています。

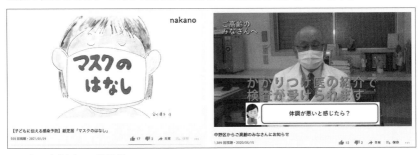
子ども向けと高齢者向けの動画比較

担当者が変わっても継続できる仕組みを作っておく

区役所はじめ多くの公務員、企業には、定期的な異動があります。YouTubeチャンネルの運用も例外ではありません。そこで、担当者が変わっても滞ることなく動

画を配信し続けられる仕組みを作っておくことが、組織でチャンネル運営をする上での重要なポイントです。前述の広聴・広報課と現場、さらにはステークホルダーとの協働体制もその仕組みの大きな役割を果たしています。さらに、広聴・広報課や各現場の課も、1人が担当するのではなく、主業務との兼務で複数名が関わるようにしておくこと、随時マニュアルを共有・更新しておくことも大切です。また、広聴・広報課として、定期的に職員向けに動画発信の研修を行うことで、担い手を増やしていく活動も行っています。

YouTube チャンネルを運用することのメリット

「動画作り」をきっかけに信頼関係を構築。得られる情報の質が変わった

YouTube チャンネルの動画制作に携わっている、保育園・幼稚園課のメンバーは、動画作りのために保育園に足を運んだり、企画の相談など接点が増えたことによって、園長や保育士から「そういえば最近こんなことがあって」など、以前には得られなかった粒度の情報も話してもらえるようになったといいます。名前を覚えてもらって、お互いに相談しやすい関係性が構築できたことによって、他の依頼もしやすくなるなど副次的な効果も生まれています。

「クリエイティブ」な仕事に挑戦することで、モチベーション向上

YouTube 運営に携わる中野区の職員は自らやってみたいと手を挙げたメンバーがほとんど。動画作りは普段の主業務とは毛色が違いますが、表現方法を自ら考え、撮影編集し、動画を公開して反響を得るクリエイティブな仕事に挑戦することが、職員のモチベーション向上にもつながっています。動画制作を通じて自分たちの領域を違う角度から見つめることで、意義を再確認するきっかけになるケースもあります。

1-6 | 成功のための 6つのポイント

ここまで、4つの事例から企業や自治体におけるYouTubeチャンネル活用事例を
ご紹介してきました。個人が運営するYouTubeチャンネルとは異なり、組織として
実行していくには、属人的にならず、継続していける工夫が必要なことがわかりまし
た。ここで、4つの事例を通じて共通していたこと、あるいは紹介しきれなかった
けれどヒントになることを6つのポイントにまとめました。ぜひ、チャンネル運営の
参考にしてみてください。

Point.1 「自分たちしか見ることができないもの」に 動画のヒントがある

　YouTubeチャンネルで配信する動画を企画するときに陥りがちなのが「面白い動
画」＝「バラエティ番組や有名YouTuberのような動画」と考えた結果、内輪ウケに
なってしまうこと。視聴者が見て面白いと感じる動画にはいくつもの種類があり、
有名YouTuberのような動画はその手段のひとつに過ぎません。企業や組織が手が
けるときには「一般の人はなかなか見ることができないもの」に面白い動画のヒント
があります。例えば、BUZZ MAFFであれば、国家公務員の職場や、大臣と若手官
僚の会話の様子、アドベンチャーワールドであれば、閉園後の夜の動物たちの様子
など。自分たちは当たり前と感じていることの中に、視聴者が興味を持つ要素が潜
んでいます。

Point.2 撮影前の準備を念入りに行い、 本番中のアクシデントは「動画のスパイス」にする

　撮影前に構成を考え、コンテを作成することで、どんなカットを撮影する必要が
あるかが明確になり、撮影漏れを防ぎ、効率的な撮影を行うことができます。ライ
ブ配信の場合も、本番1週間前と直前にリハーサルを行い、流れを確認しておくこ
とも大切です。その上で、本番中に発生した「想定外の事態」は、動画のスパイスと

して編集に利用することで、登場する方々の素のリアクションが視聴者からの共感を得るきっかけになります。

ワンダーシェフ 伊藤代表が使用している、ライブ配信前の作業一覧。ラミネート加工して配信スタジオに置いている。

Point. 3　組織のトップが動画作りを積極的に支援する

　結果が出るまでに時間がかかるYouTubeチャンネルの運営は、事情を知らない他部署の人からは「コスパの悪いプロジェクト」に見えてしまうもの。そのためYouTube担当メンバーが肩身の狭い思いをしたり、継続しないまま終了してしまうケースも少なくありません。今回登場した事例いずれにも共通していたのが、YouTubeチャンネルの運営は「トップがきっかけで始まったプロジェクト」であることです。トップが旗を振ることで、結果が出るまでの短くない助走期間をメンバーが精神的負担を感じることなく自由に、いろいろなチャレンジをすることができるようになります。

Point. 4　広報部門は「動画制作」よりも
　　　　　　「マネジメント機能」にシフトする

　組織でYouTubeチャンネルを運営する場合、広報部門が担当するのが一般的です。広報部門の担当者が動画の企画・撮影・編集までの業務のすべてを担うと動画制作の業務負荷に偏りが生じるだけでなく、ノウハウの蓄積も属人的になってしまうため、その担当者が異動したとたんにYouTube運営が下火になってしまうことがよくあります。今回ご紹介した事例の多くが、「動画制作機能」は現場のYouTube担

当者あるいは兼務メンバーが担い、広報部門は動画制作のスケジュール管理や動画内容の最終チェック、あるいは組織内の動画リテラシー向上のための研修活動など、マネジメント機能を担うことで負担を軽減し、組織として継続的に動画を配信し続けていける仕組みを整えていました。立ち上げの段階から、他の部署も巻き込んだ体制を構築しておくことがポイントです。

Point. 5　YouTubeチャンネル運営を業務として認める

　YouTubeチャンネルで配信する動画は、楽しんでもらうための遊びの要素も入ることが多いため、組織内で「好きでやっている趣味のようなものだから業務時間外でやるべき」という声が上がることもあります。しかし、動画作りはどうしても、企画・撮影・編集と工程が多く時間がかかります。業務外で行うには限界がありますし、担当するメンバーのモチベーションも徐々に低下していきます。YouTubeチャンネルをしっかりと作っていくためには、それを担うメンバーに、動画作りを業務として認め（業務時間の20%などというように設定することが多い）、評価に加え、安心して取り組める体制を作ることも大切です。

Point. 6　視聴回数や登録者数をKPIにしない

　組織でYouTubeチャンネルを運営する際に、「事業としてやるからには登録者数10万人をKPIに」など、わかりやすい数値を設定したくなります。しかし、YouTubeチャンネルで結果が出るには時間がかかります。特にはじめの頃はチャンネル内に動画も少なく関連動画などの出現数も少ないことから、再生回数や登録者数はほとんど伸びません。結果が出ないと継続しにくくなります。事例として紹介した組織の多くが、YouTubeチャンネルの運営継続のKPIに視聴回数や登録者数を置いていません。最初は週に1、2本といった動画制作本数を目標にするなど、継続できる仕組みを作ることを主眼にすることも重要です。他のSNSやWebサイト同様、お客様あるいは住民に情報を届けるツールのひとつとして、短期的な結果で判断せず、長く続けていくことが大切です。

→ Chapter

2

動画の
企画術

2-1 | チャンネルの コンセプト設計

YouTubeチャンネルで動画を配信していくには、大まかに下記のようなフローがあります。Chapter2では、それぞれのフローにおいて、ポイントとなることをまとめています。まずは、YouTubeチャンネルのコンセプトについて、見ていきましょう。

YouTube動画配信までの流れ

「YouTubeチャンネル＝ひとつの雑誌」と考え、コンセプトをシャープにする

　企業や組織の公式チャンネルの場合、コンセプトを設定しそれに沿った動画を配信していくことが重要です。YouTubeの視聴者は企業の情報を知るためではなく、「知りたい情報を得るため」あるいは「合間時間にリラックスするため」に動画を観ることがほとんどだからです。また、お気に入りのチャンネルは「チャンネル登録」ボタンを押し、新しい動画がそのチャンネルで公開されたときにはお知らせ・レコメンドされるようにします。「このチャンネルでは、自分の好みに合う動画が継続的に更新されている」と期待できて初めて視聴者はチャンネル登録をします。そこで、YouTubeチャンネルをひとつの雑誌と考え、どんな読者層に向けた、どんな特集（＝動画）を組んでいくと喜ばれるかという視点でコンセプトを設計することがおすすめです。

Chapter1で紹介した事例でも、例えば中野区公式チャンネルであれば「コロナ禍において住民が必要とする情報を届けるチャンネル」、アドベンチャーワールドであれば「アドベンチャーワールドの多様な動物の姿をいろいろな切り口で楽しめるチャンネル」、ワンダーシェフであれば「圧力鍋を使った季節の料理を、ライブ配信で一緒に実践できるチャンネル」などというように、いずれもコンセプトが明確です。視聴者にとって魅力的でわかりやすいチャンネルコンセプトを決めましょう。

「自社・自組織のコンテンツ」と 「視聴者が求める情報」の接点を探す

企業や組織、ブランドがYouTubeチャンネルを運営していく際に避けるべきなのは、「販促やPR動画ばかりを配信してしまう」ことです。わざわざYouTubeで広告だけを観る人はほとんどいません。しかも、YouTubeは無料で楽しむために、多くの動画には自動的に広告が流れる仕様になっています。それもあって広告に「うんざり」しているというのが多くの視聴者の気持ちです。そんな中で、自社や自組織が「発信したい情報」ではなく、視聴者が「必要としている・見たい情報」を提供するYouTubeチャンネルが支持されるのはもっともなことです。

YouTubeチャンネルのコンセプトを決める際には、こういったことも考慮に入れて、自社や自組織が持っているコンテンツ（例えば商品やサービスの特徴、社員や職員の個性、職場環境、特徴的な取り組み）と、視聴者や潜在ファンが求めている情報の接点を探すことがポイントです。

自社
自組織
・商品やサービス
・社員や職員
・職場環境
・取り組み

接点

視聴者
潜在ファン
・「生活に役立つ情報」
・「リラックスしたい」
・「仕事に役立つ
　情報を得たい」

視聴者や潜在ファンが求めていることを探るヒント

　YouTubeチャンネルを開設する前の段階でも、視聴者や自社チャンネルの潜在ファンがどんな情報を求めているのかを知るヒントがあります。まず一番に目を向けたいのは「問い合わせに寄せられた声」です。自社や自組織の問い合わせ窓口に集まっているお客様や住民からの声は、宝の山です。どんな属性の方が、どんなことに満足し、あるいはどんなことをもっと知りたいと思っているのかを知る大きなヒントになります。

　次の手がかりは、「ベンチマークするYouTubeチャンネル動画のコメント欄」です。YouTubeチャンネルを始めるには、何かひとつ、ベンチマークとなるYouTubeチャンネルを決めておくと方針がたてやすくなります。そのチャンネルが配信している動画の下に表示されている視聴者からのコメントは、いわば「公開されたお客様の声」です。そのチャンネルにどんなことを期待して、どんなところが好きなのかがわかります。そういった情報を参考にして、コンセプト、さらに動画を企画していきましょう。

コンセプトの軸から外れる動画は配信しない

　動画を継続的に配信していく際、動画がコンセプトの軸からズレないことが重要です。例えば、料理に関する動画を配信するチャンネルで、いきなりゲームや車などの動画がアップロードされると、視聴者は戸惑ってしまいます。もし、コンセプトの軸から外れた動画も配信したい場合は「サブチャンネル」を作ってそちらにアップロードするとよいでしょう。

2-2 → 動画の企画

YouTubeチャンネルでどのような動画を配信していくか、動画の企画の立て方の
ポイントを説明します。

YouTube動画配信までの流れ

動画のピラミッド

YouTubeには「素晴らしい！」と声を上げ
たくなるものから、「これは何を撮っている
の？」とよくわからないものまで無数の動画
があります。何を撮っているかわからない動
画を除くと、動画には、大きく3つの段階が
あり、ピラミッドで表現することができます
1 。それぞれの階層の特徴を見てみましょ
う。

1

③シェア
される動画

②伝わる動画

①わかる動画

①わかる動画

世の中の動画で最も多いものはこのタイプの動画です。「何が映っているのかがわ
かる」「誰が話しているのかがわかる」というように、その動画を見た人が「映ってい

るものが理解できる」レベルのものです。動画は文字や写真と比べると情報量が多いので、よっぽどピントがぼけていたり、雑音が大きすぎなければこのレベルまではすぐに達することができます。逆に、何が映っているかわからないようなものは見てもらえない確率が高いと考えてよいでしょう。

②伝わる動画

　わかる動画の次の段階は、「伝わる動画」です。この段階では、作り手が意図を持って制作し、伝えたいメッセージが視聴者にしっかりと伝わるレベルの動画です。CMや広告として制作される動画の多くはこのレイヤーに属します。何が映っているか判別できる段階の「わかる動画」と異なり、伝わる動画の場合は誰が見ても同じメッセージを読み取ることができ、場合によっては商品やサービスなどについてWebサイトで調べたり、購入したりするという次のアクションにつながることもあります。

③シェアされる動画

　動画ピラミッドの最上層は「シェアされる動画」です。メッセージを受け止め、かつそれを周囲の人と共有したくなる、「ねえ、見て！」といいたくなる動画です。動画の中には、シェアされることを狙って制作されたものもあります。フラッシュモブやドッキリといわれるように、驚きの状況をわざと作り出し、広告として動画で展開する手法も流行しました。しかし、ここで重要なのは「シェアされることが動画の目的ではない」ということです。人は感情の振れ幅が大きいほど、共有したいという心理が強く働きます。従ってシェアされることだけを目的とすると、その手法は過激にならざるを得ません。しかし、それは同時に炎上や批判といったリスクも生み出します。大切なことは、「目的に適した動画を作ること」。問い合わせを少なくすることを目的にした動画が必要のない人にまでシェアされる必要はありません。シェア数や再生回数など、「話題性の指標」に惑わされずに「伝わる動画」を目指すことが大切です。

伝わる動画の3つの要素

　さて、では「わかる動画」と「伝わる動画」を分けるものは何でしょうか。実は、伝わる動画には共通して3つの要素が含まれています。つまり、この3つの要素を撮影前に確認しておくことで、伝わる精度がぐっとアップします。

伝わる動画の３つの要素

1. メッセージは明確か
2. 想定視聴者は明確か
3. シーンは適切か（具体的な証拠）

1. メッセージは明確か

　最も基本的で、かつ見落とされがちなのがこの要素です。「この動画で伝えたいことは何か」を明確にすることで、３番目の要素であるシーンの選択の精度が高くなり、視聴者への伝わり方もブレがなくよりシャープになるだけでなく、撮影内容が選別でき、無駄な動きが減る効果もあります。

　メッセージを考える上で、ポイントとなることは２つあります。

| メッセージの ポイント その **1** | ### 伝えることは、ひとつに絞る |

見る側はそんなに多くのメッセージを受け取れない

まず、メッセージの例を見てみましょう。

（A）このイベントでは地元名物料理と地ビールと音楽フェスが楽しめます

（B）このイベントでは焼きまんじゅうや水沢うどんなど、地元名物料理を楽しめます

メッセージを考えるとき、「あれも、これも」と要素を盛り込みたくなるもの。しかし、要素を詰め込むほど、メッセージは伝わりにくくなります。あらゆる要素が入った「幕の内弁当」は、結局どこでも同じような、特徴のない印象になります。それよりも「シャケ弁当」のように、ひとつを際立たせることでイメージが伝わりやすくなります。上記のメッセージの例を見ても、（A）の場合、要素を詰め込みすぎてどこが他と違うのかよくわかりません。一方（B）の場合は、ひとつの要素に特化している分、イベントの特徴が際立ちます。

主語は相手

機能や特徴ではなく、それによって相手が得られるメリットを伝える

ここでも、メッセージの例を見てみましょう。

(A) このビジネススーツは特殊な素材によって汚れを防ぎ、熱や衝撃にも強い

(B) 熱や汚れに強く動きやすいので、建設現場や屋外作業でも正装できます

メッセージを考えるときに陥りがちなもうひとつの落とし穴は、商品やサービスを主語にしてしまうこと。商品やサービスがどれほど優れているかを伝えたくなってしまいますが、それでは相手に「自分にとってそれがどうよいのか」の解釈をゆだねるため、伝わるメッセージが弱くなります。相手を主語にして「あなたにとってこんなによいことがある」というところまで噛み砕いたメッセージにすることで、よりダイレクトに人の心に響く動画を作ることができるのです。

2. 想定視聴者は明確か

伝わる動画の3つの要素の2つ目は「想定視聴者が定まっていること」。「この動画を誰に見て欲しいのか」を設定することで、登場する人物の年齢層や、使用するBGMの種類やテロップの入れ方などがおのずと決まります。

たった一人を具体的な人物名で思い浮かべる

視聴者を想定する際に多いのは、「年齢30代、都内勤務、子どもあり」…といった属性から架空の人物を設定して、好みや志向を決めていく手法。このやり方の落とし穴は、独りよがりになってしまうこと。これを防ぐ方法は、想定する視聴者に近い友人・知人・有名人・家族など、具体的な1人を思い浮かべることです。「あの人だったら、どんな動画を好んで観ているかな、あの人は、これは好きかな」などと判断しやすく、より視聴者に響く企画を考えやすくなります。できれば、想定視聴者に好きなYouTubeの動画を教えてもらって実際に観てみることをおすすめします。

3. シーンは適切か（具体的な証拠）

　伝わる動画の３つの要素の最後は「適切なシーンが設定されていること」。ただ撮影するだけでは「伝わる動画」にはなりません。メッセージが決まり、ではそれを伝えるにはどんなシーンを撮影したらよいのかを決めていきます。

シーンの
ポイント

論より証拠。百聞は一見に如かず。

例えば、「Aさんはやさしい人です」ということを伝えるのに、Aさんが「私はやさしいです」といっても「本当かなあ？」と思ってしまいますよね。Aさん本人がいうよりも、Aさんの友人が「Aさんはやさしい人」というほうが信憑性があります。さらに、「やさしい」という言葉を使うよりも、Aさんが電車の席を譲ったり、困っている人に手を差し伸べている姿を見たほうが、より「やさしい」ということが伝わります。このように、動画では「論より証拠」を示すことで、より説得力をもってメッセージを伝えることができます。

最もメッセージを実感できるシーンを切り取る

シーンを考えるポイントは、「最もメッセージを実感できるのはどんなシチュエーションか」を見定めることです。例えば、先ほどメッセージの例にあった「熱や汚れに強いビジネススーツ」の動画を作る場合、最もメッセージが実感できるシチュエーションは、実際にスーツを着た人が過酷な環境で長時間作業したあとでも形が崩れていなかったり汚れていない様子を確認できたときと考えられます。したがってそのシーンを動画にすることでより伝わりやすくなります。

　以上、伝わる動画の３つの要素は動画企画の基本になります。最初のうちは紙に書き出すなどして、動画制作の過程で迷ったときにはここに戻ってくるようにすると、ブレのない動画を作ることができます。

YouTube チャンネルの基本的な構成

　YouTube チャンネルの TOP ページは、いわば「雑誌の表紙」です。想定視聴者にとって、わかりやすく魅力的な構成にすることが大切です。Chapter1-3 で取り上げたアドベンチャーワールドの YouTube チャンネルの TOP ページを参照しながら、それぞれの項目の役割について見ていきましょう。

「アドベンチャーワールド公式」YouTube チャンネル TOP
※2021年6月末時点
引用元 URL：https://www.youtube.com/c/
adventureworld_official/featured

①YouTube チャンネル名

　YouTube チャンネルのタイトルが表示されます（チャンネルのタイトルはアカウント名とは異なります）。企業や団体、ブランドの公式チャンネルであれば、「公式」などをつけてわかりやすく示します。また、「公式」とは別に、新たにチャンネルを立ち

上げる際は、コンセプトが伝わり、覚えてもらいやすいネーミングを考えましょう。

②YouTubeチャンネルの概要紹介

　YouTubeチャンネルを開設する上で、意外と重要なのがこの概要紹介文です。このチャンネル主がどんな属性で、このチャンネルはどんな人にどんな情報を届けようとしているのか、またその他補足情報などを示します。チャンネルを訪れるすべての人がこの概要を観るわけではありませんが、事前にこの概要紹介文を考え、記載しておくことで、チャンネルの方針が整理され、今後チャンネル運営で迷ったときに何のために動画を配信するかの原点に立ち返ることができます。そういった意味でもしっかりと考えておきましょう。

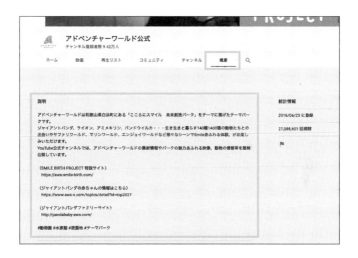

③プレイリスト（再生リスト）

　YouTubeチャンネルには、プレイリスト（再生リスト）という、動画をソートして表示させる機能があります。ここには自身のYouTubeチャンネルにアップロードしている動画はもちろん、他のチャンネルの動画も表示させることができます。

　このプレイリスト名は、雑誌にたとえるならば「特集のタイトル」。特集ごとに関連動画をソートして表示させることで、ひとつの動画を観て興味を持ってYouTubeチャンネルを訪れた視聴者が同様の動画を見つけて再生しやすくなります。

④各種リンク

　YouTubeチャンネルには、自社サイトや、TwitterやInstagramなどのSNSのアカウントへの外部リンクを追加することができます。

動画の企画は「既存のフォーマット」を活用する

　他の主業務もある中で、動画の企画を毎回ゼロから考えるのはとても大変です。また視聴者は、「未知の動画」や、「結末がまったく予想できない動画」は視聴をためらいます。安心して動画をクリックして視聴してもらうには、「既存のフォーマット」を活用するのもひとつの手です。「既存のフォーマット」とは、動画の企画の「型」のようなもので、人気のYouTubeチャンネルの多くも既存のフォーマットを活用して、動画を配信しています。動画のジャンルによって様々なフォーマットがありますが、その一例をご紹介します。

フォーマット❶：ランキング

　あらゆるジャンルに汎用できて人気のフォーマットのひとつが「ランキング」を示した動画です。テーマについて、ベスト5、ベスト10などランキング形式で示して解説していきます。ジャンルによって、例えば「2021年上半期、最も売れた商品ベスト5」「今月の買って良かったもの」などです。商品紹介やサービス紹介でも、ランキング形式にしたとたんに興味を引く内容になります。客観的なデータに基づいたランキングだけでなく、社員や職員の実感や主観のランキングでもOKです。例えば「社員がおすすめする自社商品のランキング」でも、その商品やサービスをよく知っている人の主観ならば、知りたくなるものです。

　首都圏在住の社会人kimimaro氏のYouTubeチャンネルでは、買って良かったモノやお気に入りのブランドをランキング形式で紹介しています。アーバンライフを送るkimimaro氏が独自にセレクトしたアイテムが、ジャンル別やブランド別など様々な切り口で配信されているため、企画の参考になるチャンネルです。

「【生活が変わる】買ってよかったアイテム11選」
(kimimaro)

引用元URL：**https://youtu.be/UddZo6JvmCk**

フォーマット❷：ルーティン

特に女性視聴者に人気が高いフォーマットのひとつが「ルーティン」動画です。「朝のルーティン」「帰宅後のルーティン」「平日のルーティン」など、1人に密着してどんなことをしているのかを紹介します。どんなアイテムを使っているのか、どんな食事をしているのかなど、普段観ることのない、他の人の日常を垣間見る感覚が好まれています。ライフスタイルに関連した動画を配信しているYouTubeチャンネルでよく使われているフォーマットです。ECサイトの「北欧、暮らしの道具店」では、様々な職業人のモーニングルーティン動画を配信していますが、それぞれの家庭の日常とその職業ならではの習慣がうかがえ、チャンネル内でも再生回数の多いコンテンツのひとつです。

「【プレスのモーニングルーティン】夜をラクにする
主婦の家事ルーティン。粕谷斗紀さん編」(北欧、
暮らしの道具店)

引用元URL：**https://youtu.be/a81HCyx-udk**

フォーマット❸：レビュー

レビューは、特定の領域に関心の高い視聴者、つまりマニア向けのチャンネルで人気の高いフォーマットです。例えばカメラやパソコン関連製品好きに向けたチャンネルでは、人気の製品の発売にあわせていち早くその商品を購入し、使用感など

をレビューとして紹介します。このレビュー動画のメリットは、チャンネル登録済みの視聴者だけでなく、その商品を購入検討中の新たな視聴者からのクリックが期待できる点です。ポイントは「早さ」と「網羅性」。発売日当日など、できるだけ早いタイミングであること、あるいは化粧品など色違いで発売されるものの場合は全色網羅していることで、動画の最後まで視聴してもらいやすくなります。女性に人気のコスメ・美容系YouTubeチャンネル「コスメヲタちゃんねるサラ」では、注目のブランドが発売するコスメをいち早く取り上げ、全色比較するなどわかりやすいレビューにより着実にファンを増やしています。「コスメヲタちゃんねるサラ」は、「コスメ」というジャンルでも多様な切り口の動画を提供していて、企画力に定評のあるYouTuberとして高い支持を得ています。

「KATEのリップモンスター全色レビュー！」
（コスメヲタちゃんねるサラ）

引用元URL：**https://youtu.be/3CsZfTtBhxE**

フォーマット❹：鞄の中身

「鞄の中身（What's in my bag?）」も、「ルーティン」同様、ライフスタイルに関心の高い視聴者に人気の高いフォーマットのひとつです。いつも持ち歩いている鞄の中のアイテムをすべて取り出して、どんなこだわりがあるのか紹介する動画です。毎日使用するものにこそ、その人の個性やセンスが現れるもの。とはいえ、必ずしもオシャレである必要はなく、その人のこだわりに加えて、職業ごとの特徴が出ると面白いコンテンツになります。アパレルブランド「SLOBE IENA」のYouTubeチャンネルでは、ショップスタッフが登場する様々な企画の動画を配信。アパレルスタッフの雨の日の出社服紹介や、アパレルスタッフが制限時間10分間5万円以内で夏のデートコーデを考える企画など、アパレルスタッフならではの動画が人気を集めています。「アパレル女子の鞄の中身」の動画もそんな職業らしさと個性が表現されています。

「【vol.5】アパレル女子の鞄の中身！インスタが人気
のおしゃれスタッフ編【what's in your bag?】」
（SLOBE IENA YouTube Channel）

引用元URL：https://youtu.be/xqofhsU1Cxs

フォーマット❺：購入品

　購入品は、特定の店舗で買い物をして、何を選んだかを紹介する動画です。ドラッグストアや福袋、100円均一ショップなどが人気ですが、企業やブランドのアカウントもこのフォーマットを活用することで、押し付けではないプロモーションの効果を得ることができます。例えば、Chapter1-3でご紹介した、アドベンチャーワールドのYouTubeチャンネルでは、パークのスタッフが3,000円をパーク内でどう使うかという企画の動画が人気です。いわゆる「中の人」が何を買うのかを紹介することで、視聴者が興味を持って来園時に行ってみたいと思える仕掛けに成功しています。

「【検証企画】スタッフは3,000円あればパークでど
う使うのか！」（アドベンチャーワールド公式）

引用元URL：https://youtu.be/IaVFgOYaTC0

2-3 ▶ 構成・準備

動画の企画が見えてきたら、撮影に向けて準備をします。撮影に入る前に、動画の大まかな構成を決めておくことで、効率的に撮影を進めることができます。

YouTube動画配信までの流れ

チャンネルの
コンセプト
設計

動画の
企画

構成・準備

撮影

編集

配信

考察
フォロー

動画シナリオの定石

　動画の企画が決まったら、次はシナリオに落とし込んでいきます。シナリオを作ることで、撮影項目を洗い出すことができ、撮影や、その後の編集にも役立ちます。

　小説や映画など、シナリオの定石で有名なものは「起承転結」。しかし動画の場合、インターネットの特性を加味したシナリオ作りが欠かせません。動画のシナリオを一言で表現すると…

動画のシナリオ ＝ コース料理

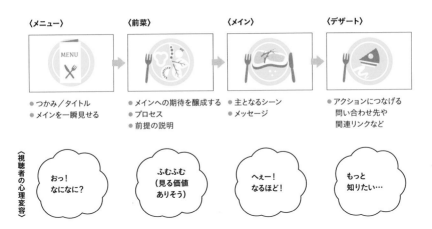

行程ごとの特徴を詳しく見ていきましょう。

・メニュー

　動画の場合、隙間時間で見ている人が多く、動画を見る姿勢は基本的には「短気」。従って動画の冒頭やサムネイル・タイトルから、それが視聴に値するかどうかを判断します。そこで、最初に最もポイントとなるシーンをちらっと見せて、視聴しようと思ってもらうことが必要です。レストランのメニューでも、メイン料理の写真から注文するかを判断するように、動画もまずはメインのダイジェストを見せることが必要です。

・前菜

　ここは、動画の価値を高める上で重要なパートです。メインのシーンの前に、何の動画で、どんな狙いがあるのかを示すことで、より期待が高まります。レストランでも、何の説明もなく出されたステーキより、「入手困難なA5ランクの国産牛で、1日に2組しか食べられない特別な一皿」と事前に説明があったほうがよりおいしく感じるものですよね。一方でこのパートがあまり冗長でも飽きて離脱されてしまうので、コンパクトに要点を伝えることがポイントです。

・メイン

　動画のメッセージを伝える最も重要なパートです。先の「伝わる動画の3つの要素」の中で想定した「メッセージを最も実感できる具体的なシーン」がこのメインに

あたります。内輪ウケになっていないか、業界のことを知らない視聴者にもわかりやすい表現になっているかを確認しましょう。

・デザート

　動画は視聴後にアクションにつながる導線を作ることで、その効果が高まります。動画を観た人に、次にどんな行動をとって欲しいかを考えた上で、その行動を促すように、動画とWebをトータルで設計することが必要です。YouTubeには、動画内にチャンネル内の他の動画へのリンクを設置できるカードや終了画面などの機能もあります。YouTubeの各動画の説明文にもサイトURLを記載するなどひと手間加えることで、次の行動につながりやすくなります。

　このコース料理のシナリオを活用して制作する動画のシーンの例を見てみましょう。

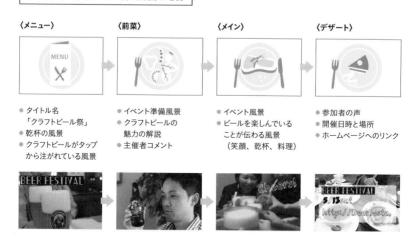

　こうやってシナリオまで落とし込むと、撮影すべき項目が明確になります。また、撮影後の編集もシナリオ通りにつないでいけばよいので無駄な時間が減ります。編集のタイミングで「あれも撮っておけばよかった…」とならないように、シナリオを事前に考えておきましょう。

上達への近道は「見本の分解」

　動画制作の経験がない中で、はじめから視聴者が魅力を感じる動画を作るのは簡単ではありません。そんなときにぜひおすすめしたいのが、「見本の動画をひとつ決めて、構成を分解して研究してみる」ことです。どんなに有名なYouTuberも、最初は参考にした先人のコンテンツがあります。面倒に思えるかもしれませんが、やみくもに試行錯誤するよりも、ひとつの動画を一度細部に分解して研究することは、上達への近道になります。では、どのような視点で分解・研究をしていけばよいか、ポイントをご紹介します。

研究する視点①動画の想定視聴者は?

　動画の企画が決まったら、同じような企画を行っている、見本にしたいYouTubeの動画あるいはテレビ番組をひとつ決めましょう。まずは一度通しで見て、この動画あるいは番組は主にどんな視聴者を想定しているか、考えてみましょう。YouTube動画の場合、そのヒントになるのが動画の下にあるコメント欄です。動画を視聴した人からのコメントから、どんな属性の人が、どんな点を楽しんでいるのかなどの要素がわかります。

研究する視点②何が面白いのか? 「自分だったらこうする」と思うことは?

　見本にしたいと思ったからには、何か惹かれるポイントがあるはずです。漠然と「面白い」と感じているところから一歩踏み込んで、「この動画のどんな点が面白いと感じるのか」を言語化してみましょう。言葉にしてみると、「面白さ」の理由が輪郭をもってわかるようになり、自分が動画制作をする際の大きなヒントになります。また逆に、動画を観ながら「自分だったらもっとこうするのに」あるいは「この点が残念だ」と感じることがあったら、それこそが重要なポイントです。見本の動画からさらにステップアップした「自分らしい動画」を作る手がかりになります。面倒ですが、この作業はぜひ、紙あるいはパソコンやスマートフォンのメモ機能でもよいので、書き出して言語化してみましょう。

研究する視点③サムネイルやタイトルはどんな工夫がされているか?

　動画のサムネイルとタイトルも重要な要素です。サムネイルの画像にはどんな要素が入っているか、サムネイルに入っている文とタイトルに入っている文は重複しているか、あるいは表現が変えられているか、役割の違いは? など見てみましょう。

研究する視点④いくつの場面から成り立っているか?

　動画を通しで見たら、今度は適宜一時停止をしながら、場面転換ごとにその場面が、動画全体を通じてどんな役割を果たしているのかを分析します。この場面ごとの分解によって、何を撮影すればよいかがイメージできるようになります。

　参考としてChapter1-2で取り上げた農林水産省のYouTubeチャンネル「BUZZ MAFF」の中から、9万回以上再生されている動画「【クワガタ大量】これが大人の本気だぁ！ タガヤセキュウシュウ」を例に、場面ごとに分解してみましょう。

「【クワガタ大量】これが大人の本気だぁ！ タガヤセキュウシュウ」
（BUZZ MAFF）
引用元URL : https://youtu.be/Z6xqRi1XQ08

①タイトル・動画の概要説明［メニュー・前菜］

いきなりクワガタ獲りの本編から始めるのではなく、「BUZZ MAFF」共通のタイトル画面のあと、クワガタに扮した白石さんが最初に企画や概要について説明します。このパートが、初見の視聴者にもわかりやすく伝わりやすい動画に仕上げる上で重要な役割を果たします。

②本編（前半）登場人物の紹介［メイン］

クワガタ獲りに向かう道中のシーン。もうひとりの登場人物がどんな人なのかを紹介し、わかりにくい専門用語などは随時紙芝居やイラストを使って解説を入れます。

③場面転換

場所を変えたり時間が変わったり、話題が変わる際には、場面転換を意味する1〜2秒のシーンを入れると、視聴者が混乱せずに動画を観ることができます。演劇でいう暗転の役割を果たします。

④本編（後半）[メイン]

　いよいよ本編のメインとなるクワガタ獲りのシーンです。テンポ良くカットとカットをつないでいくことで臨場感が生まれます。

⑤結び［デザート］

　本編の最後には、チャンネル内の他の動画へと誘導するリンクを加えることも重要です。また、あわせて画面の右下に、クワガタ役の白石さんのNGシーンを入れ、楽しい印象で動画を見終える効果も与えています。

動画のコンテを書く

　見本となる動画を分解・研究して、おおよその動画の構成が見えてきたところで、自分の動画にあてはめて、構成を考えてみます。動画がどんなシーンやカットによって成り立っているかという構成を示したものが「コンテ」です。コンテは動画の構成がメンバーに伝わればその形式は自由ですが、ここでは代表的な2つの方法を紹介します。

・字コンテ

　コンテというと、絵コンテをイメージして「自分は絵が描けないから無理…」と尻込みしてしまう人も多いですが、必ずしも絵で示す必要はありません。字コンテで十分伝わりますし、Excelで作成すれば、シーンの入れ替えやコメントの修正がしやすい、複数人で修正しやすい、作成がラクなどのメリットもあり、おすすめです。

シーンNo	シーンイメージ	テロップ	補足
1	同僚と商品を手に楽しそうに話す女性社員（田中さん）		BGM、ピアノメインのカフェっぽい音楽
2	シーン1の田中さん 顔のアップ	カワイイビジネスの仕掛け人 〜マーケティング部・田中聡子の一日〜	タイトル
3	田中さんが朝、周囲に挨拶しながら出社する	AM8:45 出社	シーン3〜5まではテンポよく進める
4	メールチェックする田中さん	AM9:30 メールチェック	
5	雑貨を机に広げながら、ミーティング	AM11:00 社内ミーティング	
6	ミーティング中の田中さんアップ	田中は入社3年目。昔から雑貨屋さんで買い物をすることが大好きで「好きな雑貨を世界中に届けたい」と入社した	
7	部署で仕事をする人たちの様子（遠景）	田中の所属するマーケティング部は、新しい雑貨をクリエイターと共同で開発し、プロモーションを行っている	
8	田中さんインタビュー	・この仕事の大変なところ ・雑貨を企画することの楽しさ ※インタビュー内容をテロップで入れる	インタビュー風景

・シーンNo.

シーンごとに番号を振っておくと、打ち合わせで「何番と何番を入れ替えた方がよい」など話がしやすくスムーズ

・シーンイメージ

イメージに近い画像を貼り付けるか、時間がなければ文章でシーンを伝えてもよい

・テロップ

テロップを加える場合は、その文章も記入する

・補足

シーンについての補足説明を記入する。ナレーションの有無やBGM、エフェクトなども記載しておくとイメージしやすい

・絵コンテ

　フィクションなど演技が必要な場合や、タイミングが重要なものの場合は絵コンテを描き、各シーンで、どこで、どのアングルから誰が登場するかを決めておくことが重要です。絵はうまいに越したことはないですが、人物が丸と線であっても、上記の内容が伝われば十分です。

シーン No.	シーンイメージ	テロップ	補足
1		Different day same time	駅の看板～駅から歩いてくるKさん
2		―	Kさんの腕時計と、Mさんの腕時計が交差する
3		A day starts	2つの映像を1つのシーンで表現する
4		―	電車と並走して、サロンまでの道を歩くKさん 忙しそうにデスクで仕事するMさん
5		―	Kさんのデスクにはコーヒーの入ったマグカップ Mさんのデスクにはコンビニで買ったサンドイッチと野菜ジュース
6		mog mog（サンドイッチを食べるMさんの方に入れる）	デスクで仕事をするKさん 忙しそうにサンドイッチを頬張りながらPC作業をするMさん

　必要な要素は字コンテとほぼ同じですが、シーンとシーンのつながりやストーリーに抜けや破綻がないかに注意して作成します。すべて手描きでは大変なので、シーンイメージのみ手描きにし、それ以外の部分は字コンテで作成してもよいでしょう。

→ Chapter

2-4 ▶ 撮影の前に

大まかな構成から撮影項目が決まったら、いよいよ撮影です。具体的な撮影の方法は、次のChapter3で詳しく説明するので、ここでは、動画を撮影する際に配慮すべきことを紹介します。

YouTube動画配信までの流れ

撮影場所の選定と撮影のポイント

「どこで撮影するか」は重要な問題です。撮影場所を探す場合や、撮影時のポイント5つを下記にまとめました。

ポイント その1 店舗や施設での撮影は、事前の許可が必要

カフェなどでは事前にお店の人に許可をとった上で、奥の席やテラス席など、他の利用者が映り込みにくい場所での撮影を心がけましょう。公共機関でも事前に撮影の申請が必要なことが多いので、問い合わせて確認するようにしましょう。

声や音を録る場合は、静かな場所を選ぶ

コメントや作業音などをしっかりと録音しなければならない場合、BGM の大きい場所や、ガヤガヤしている場所では満足に音が録れないこともあります。頼める場合はBGMの音量を絞ってもらったり、被写体となる人に、静かな場所に少しだけ移動してもらったりして撮影する工夫が必要です。事前に会議室などBGMもなく静かな場所を準備しておくとよいでしょう。

会議室や屋外などをうまく活用しよう

カフェや図書館などの公共機関には、撮影NGの場所も増えています。プロ用の貸しスタジオもありますが、半日でも数万円と費用が高くなってしまいます。したがって、自社の会議室や、レンタル会議室などを活用して撮影することがおすすめです。

ポイント
その **4** ## 終わってからも回し続ける

これは少し高度なテクニックですが、人はホッとしたときに本音をのぞか
せるものです。カメラが回っていると、意識してしまいかしこまったコメ
ントになってしまう場合も多いもの。そういうときは、いったん「終わり」
という空気を作った上でカメラを回し続け、お疲れさまでしたといいなが
らさらに追加で2、3質問をするということも効果的です（もしよいコメン
トが取れた場合は、もちろん被写体にこのコメントを使ってよいか確認を
することをお忘れなく）。

ポイント
その **5** ## サムネイル用のショットを撮影する

YouTubeに掲載される動画には、「サムネイル」という、動画の表紙の役割
を果たす画像が掲載されます。サムネイルには通常、動画内から印象的な
シーンをキャプチャして使用することが多いですが、よりインパクトのあ
るサムネイルを作るために、ここぞというシーンは別途サムネイル用に写
真を撮影しておくと、のちのちサムネイル画像の作成に役立ちます。サム
ネイルには人の顔が入っていると目を引きやすいので、動画に登場する人
のサムネイル用のショットを撮影しておくことも効果的です。

効果的なインタビューの方法

インタビューやコメントなどを入れると動画に深みが増します。どれだけ聞き取
りやすく、その人ならではのコメントや表情が引き出せるかが重要です。

質問のコツ その 1 「楽しい」「よかった」「ためになった」「面白い」など一般的なひと言のコメントはNG

インタビューでコメントを引き出す際、やりがちなのが「どうでしたか？」とざっくりとした問いを投げること。たいていの場合、「面白かったです」「よかったです」というようにひと言しか返ってきません。これでは、何の動画でもいえるような、ありきたりな印象だけが残ってしまいます。インタビューをするからには、その人しか、またその場でしかいえない情報を引き出さなければ意味がありません。したがって、抽象的なコメントが返ってきたら「ここからがスタート」と思い、さらにその理由を掘り下げて聞いていくことが重要です。「何が面白かったのか」「なぜ面白いと思ったのか」「他の同じようなもの（人）と比較して、何が違うと思ったか」など、「なぜ」を繰り返し、粘り強くコメントを引き出していきましょう。

質問のコツ その 2 言葉やうなずきではなくアイコンタクトで感情を伝える

インタビューをする際、質問・撮影をする側は答えてくれたことに対して、相づちを打ちたくなります。しかし、その音をマイクが拾ってしまい、再生したときに耳障りになってしまいます。そこで、質問者は基本的には無駄な動きをせず無言でいることが必要です。ただ、インタビューを受ける

側も反応がないと不安になってしまう場合もありますから、事前に「相づちは打てないのですが気にせず話してくださいね」と断った上で、アイコンタクトで感情を伝えるとよいでしょう。「目は口ほどに物を言う」ということわざもある通り、目や表情で感情を伝えることは十分可能です。

サムネイル

コラム

動画の「表紙」となるサムネイル

「サムネイル」とは、YouTubeやGoogleの検索一覧画面や、YouTubeチャンネルのトップ画面に表示される、いわば動画の「表紙」の役割を果たす画像です。YouTubeに動画をアップロードする際に、何も設定をしないと動画からランダムに切り取られたシーンがサムネイルになりますが、「カスタムサムネイル」という独自の画像を設定することもできます。動画はサムネイルとタイトルを観て、興味をもたれてクリックされて初めて再生されます。視聴者の興味を引くオリジナルのサムネイルを設定しましょう。

PowerPointを使ったサムネイル画像加工

画像加工におすすめなのが、MicrosoftのPowerPointを使う方法です。プレゼンテーション資料作成でよく使用されるPowerPointですが、Adobe Photoshopなどの画像加工ソフトの操作を覚えなくても、簡単に比較的高度な画像加工をすることができます。

画像の背景を削除する

動画のキャプチャ画像から、人物やモノだけを切り抜きたい場合、「背景を削除する」機能を使って簡単に切り抜くことができます。

図形を16：9（サムネイルの画角）に切り抜く

YouTubeのサムネイル画像の画角（横：縦の比率）は、16：9と決まっています。この比率でサムネイル画像を作らないと、アップロードする際に不自然に切り取られ、バランスが悪くなってしまいます。PowerPointで16：9のサムネイル画像を作るには、キャンバスとなる図形の枠を16：9で作っておき、その中で文字や写真を入れていく方法がおすすめです。

2-5 ▶ 著作権について

動画発信・視聴のリテラシー

　現在はあらゆる動画が公開され、手軽にアクセスできる時代です。ハウツー情報、料理、アニメ、音楽など様々なジャンルの動画を無料で楽しむことができます。一方で、違法にアップロードされた動画にもアクセスしやすい状況が生まれてしまいました。またそれだけでなく、TVでは決して放送されないような過激な内容の動画にもアクセスできてしまいます。TVや映画の場合、長年にわたり業界が倫理規定により自主的に規制してきたため、それによって視聴者は違法な情報や不快な映像に触れないように保護されてきました。しかし動画は歴史が浅く、また世界中の誰もが作り手・発信者になりうるという特性上、自主規制を徹底することが難しくなっています。

　こういった環境では、動画を鑑賞する視聴者が倫理観を持ち、自分で自分の身を守ると同時に、違法な動画や不快な動画はアップロード・再生・シェアをしないなどの行動をとることが重要です。今後の動画文化が豊かなものになっていくかどうかは私たち一人ひとりの視聴スタンスにかかっているといっても過言ではありません。大人も楽しめるような、知的好奇心を満たす動画やクオリティの高い動画を自分たちが育てていく、という気概で動画を利用していきたいです。

著作権に関する注意

　動画発信のリテラシーに関して、知らずに違法な発信をしてしまうケースで多いのが「著作権」の問題です。特に動画のBGMに使用した音楽に関して、知らずにアップロードし、著作権侵害を申し立てられるケースが増えています。著作権が保護された音楽を使用した動画をアップロードした場合、著作権侵害の申し立てを受けたYouTubeによって動画の音声をミュートにされたり、動画が削除されたりする措置がとられます。また、何度か続いた場合、YouTubeによってアカウントを剥奪されたり、サービスへのアクセスを停止されたりすることもあります。したがって、基

本的には有償で販売されている音楽は使用せず、使用する場合はJASRACなどその音楽の著作権を管理する団体に申請し、使用料を支払って正式な手続きをとらなければなりません。手間なく低コスト、あるいは無料で使用できるBGMとしては、著作権フリーとして配布されている音源を使用したり、著作権フリーを条件として作曲を依頼するなどの対応が望ましいでしょう。無料で著作権フリーの音源を配布しているサイトもあるので、規定に従って活用しましょう。

MEMO 〈著作権 侵害による罰則〉

平成24年10月の著作権法改正により、私的使用目的であっても、著作権が侵害されていることを知りながら、その著作物をダウンロードし、デジタル録音・録画を行うと、2年以下の懲役もしくは200万円以下の罰金に処せられ、または併科されます。

MEMO YouTubeに利用可能な著作権フリー素材を提供しているサイト

著作権フリーな各種素材を無料あるいは有料で提供しているサイトからおすすめを紹介します。無料でダウンロードできる数を制限している場合もありますので、利用の際は各サイトの「利用規約」を確認しましょう。

YouTuberの素材屋さん
動く吹き出しやテロップ枠、アニメーション素材などを無料で配布しているサイト
https://ytsozaiyasan.com

フリーBGM DOVA-SYNDROME
著作権フリーのBGM・音楽素材を無料で配布しているサイト
https://dova-s.jp

PIXTA：写真素材・ストックフォト
著作権フリーの写真素材や動画素材を有料で提供しているサイト。日本人やアジア人の素材が多い。
https://pixta.jp

→ Chapter

2-6 ▸ 考察・フォロー

YouTubeから動画を公開すると、動画ごとの様々な反応や指標を知ることができます。配信の基本についてはChapter5で詳しく説明するので、ここでは、公開後の反応や結果を考察し、今後の動画制作に役立てていくための視点や制作チームへのフォローの際にケアするポイントをまとめました。

YouTube動画配信までの流れ

YouTubeに公開した動画の考察ポイント

「YouTube Studio」とは、自分のアカウント内のYouTubeチャンネルにある動画の管理や分析を行うことができる、Googleが提供する無料のツールです。YouTubeでは、YouTube Studioなどを通じて動画ごとに様々な指標やレポートを確認することができますが、その中でも、すぐに役立つ指標を5つ取り上げました。

このチャンネルの視聴者が見ている他のチャンネル

YouTube Studioにログインすると、左側に表示される「アナリティクス」を選択し、「視聴者」を選択することで、あなたのYouTubeチャンネルの視聴者の様々な属性を知ることができます 1 。どんな地域から視聴したのか、あるいは年齢や性別、新規なのかリピーターなのかなどの指標もありますが、中でも「このチャンネルの

視聴者が見ている他のチャンネル」を知ることで、対象のYouTubeチャンネルで配信されている動画から視聴者の「好み」を推測することができ、今後どんな動画の企画をしていけば良いかの参考にすることができます。

インプレッションのクリック率

　YouTube Studioにログインすると、左側に表示される「コンテンツ」を選択し、一覧で表示される動画から、任意の動画のサムネイルの右側にカーソルを移動させると現れるいくつかのアイコンから「アナリティクス」を選択し、遷移したページから「リーチ」を選択すると、「インプレッションのクリック率」を知ることができます **2** 。「インプレッション数」とは、YouTube上で動画のサムネイルの50％以上が1秒以上画面に表示された回数を示します。「インプレッションのクリック率」は、総インプレッション数のうち、そのサムネイルがクリックされた回数の割合を示します。クリック率を比較することで、視聴者がよりクリックしたくなる（あるいはあまり魅力を感じない）サムネイルが何かということが推測できます。YouTubeから動画を公開したあとでも、サムネイルは変更することができるので、同チャンネルの他の動画と比較してあまりにクリック率が低い場合は、サムネイルを変更するなどの改善策を打つことが可能です。また一般的には、インプレッションのクリック率の平均は5％前後、10％を超えると高いと評価されています。

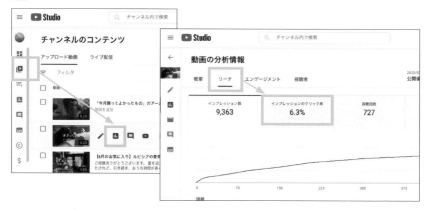

2

視聴者維持率

　YouTube Studioにログインすると、左側に表示される「コンテンツ」を選択し、一覧で表示される動画から、任意の動画のサムネイルの右側にカーソルを移動させると現れるいくつかのアイコンから「アナリティクス」を選択し、遷移したページから「エンゲージメント」を選択すると、「視聴者維持率」を知ることができます 3 。「視聴者維持率」とは、動画の様々なシーンが視聴者の注目をどの程度集めているかを示したものです。グラフでも示されており、そのグラフが下がったポイントから、動画のどこで視聴者が離脱（観るのをやめてしまったか）を推測することができ、次の動画では同じように冗長にならないように編集で工夫することで、平均再生率を伸ばすことができます。

3

トラフィックソース

　個別の動画のアナリティクスから「リーチ」を選択し、表示される「トラフィック
ソース」からは、視聴者が YouTube および外部ソースから自分のコンテンツをどの
ようにして見つけたか、あるいはどのような検索キーワードから動画がクリックさ
れたかがわかります **4** 。キーワードは、動画のタグや概要欄に設定するハッシュ
タグ（#）を設定する際の参考になります。動画のタグ設定や#を含む概要欄は公開
後も変更が可能です。「外部サイト」は、視聴者が該当動画を見つけた外部ウェブサ
イトがわかります。ここから、自社サイトやSNSを使って動画の告知をした場合、
どのソースからの告知が有効なのかを知ることもできます。

4

コメント欄

　YouTubeに動画を公開し、コメントを受け付ける設定にすると、視聴者から寄せ
られたコメントが動画の下に表示されます。YouTube Studioが視聴者の定量デー
タとするならば、このコメント欄は、定性データの役割を果たします。どんな属性
で、なぜこの動画が良い（あるいは悪い）と思ったかを具体的に記入される場合もあ
りますので、動画作りの大きなヒントになるはずです。とはいえ、YouTubeチャン
ネル開設当初はほとんどコメントがつかないのが当たり前ですから、まずはコメン
トがつくようになることを目指して動画の配信を続けていきましょう。

メンバーへのフィードバックを動画制作フローに組み込む

　YouTube Studioなどを通じて得られた動画の反響のデータは、メンバーにフィードバックすることで、次の動画作りに役立てられます。組織でYouTubeチャンネルの運営を行う場合、動画の制作だけで手一杯になり、公開後の動画の分析まで手が回らない、あるいはYouTubeチャンネルの管理を行う部署と制作を行う部署が異なるため、公開後の動画の効果の確認を頻繁にできない事態が起こりやすいものです。そこで、隔週あるいは月に1回のミーティングの場で公開された動画の効果を振り返る、あるいはメーリングリストを作成し定期的に効果情報を流すなど、動画制作のフローにあらかじめ分析や考察など振り返りのタイミングを組み込んでおくと良いでしょう。制作した本人は動画の反響は気になるもので、定期的にフィードバックをすることで、動画作りへのモチベーションを維持できる効果も期待されます。

3

動画の
撮影術

3-1 ▶ 動画撮影の基本

動画の撮影は、スマーフォンの普及などでとても身近なものになりました。ここでは、動画撮影の基本中の基本を見ていきましょう。

YouTube動画配信までの流れ

動画撮影の基本はノイズ要素をいかに減らすか

　写真が「一瞬」を捉えるのに対し、動画は「流れ」を記録します。すなわち「時間」が写っています。このことによって情報量は多く、様々なことを伝えることができます。しかし同時に、いろいろな「ノイズ＝動画を見づらくする要素」が入りやすくなるのです。不用意なカメラの揺れやピントのズレ、明るすぎたり暗すぎたりする画面、音声を聞き取りにくくする雑音など。いかにしてこれらノイズを排除するかが、動画撮影を成功させるコツです。

　とはいえ、「手ぶれ防止機能」「オートフォーカス機能」「自動露出機能」など、通常のカメラに搭載されている機能を使うだけで、十分ノイズ要素は減らせます。むしろ、そこはカメラにゆだねて、何を撮るか、それをどう撮るかに注力しましょう。ここでは、基本として押さえておくべき撮り方のポイントをいくつか紹介します。

カメラ操作のポイント

オートで撮る

ムービーカメラには、必ず「オート」というモードがあるはずです。機種によって呼び名はいろいろですが、被写体にカメラを向けるだけで、ピントも明るさもカメラ任せになるモードです。基本はこのオートで撮影します。

その上で、ちょっと明るい、ちょっと暗い、思ったところにピントが合っていない、と思ったら、初めてマニュアルで調整しましょう（3-5, 3-6参照）。

MEMO　　レンズをきれいに

撮影の前に、レンズを拭いておくことを忘れずに。いくらカメラのオート機能が優れているといっても、レンズの汚れまでは面倒を見てくれません。メガネのレンズ拭きや市販のカメラ用レンズクリーナーを使いましょう。

三脚を使う

動画撮影で一番ありがちな「ノイズ」、それは「カメラの揺れ」です。これを防ぐ一番基本的な方法は、三脚を使うことです 1 。動画撮影の基本形は、「三脚でカメラを固定し、動かさずに撮影すること」です。これが、動画撮影の基本パターンだということをよく覚えておきましょう。写真を撮るように動画を撮るわけです。カメラを動かさなくても、被写体は動くし、風も吹くし、音も鳴ります。そのことで十分に魅力的な動画になり得るのです（3-8参照）。

カメラを手で持って撮影するときも、揺れに十分気をつけて撮影しましょう。手ぶれ補正機能があるカメラの場合は、オンにして撮影します（3-9参照）。

1 三脚を使おう！

カメラをまっすぐにする

カメラは「目の代わり」です。肉眼でものを見る場合はいつも水平は水平に、垂直は垂直に見えているはず。カメラで撮影する場合も同じように、水平なものは水平に、垂直なものは垂直に写るよう、カメラはまっすぐにします **2**。特にカメラを手で持って撮影している場合には、最初は気をつけていても、次第に左右どちらかに傾いていきがちなので常に「まっすぐ」を意識するようにしましょう。

2 カメラはまっすぐに!

手ぶれ補正をON!

動画撮影中のポイント

いろいろなカットを撮影しておく

撮影した動画は、少なからず「編集」という仕上げのプロセスを踏むことになります。いらない部分を捨て、順番を整えたりする作業です。この編集を前提にすることで、撮影の自由度が一気に増し、目に入った面白いものをどんどん撮影できるようになります。どうせ編集するわけですから、あとで見てつまらなければ捨てればいいのです。一見無駄に見えるようなものも、いろいろ撮影しておきましょう **3**（3-2, 3-3参照）。

別の角度も探そう

同じ場所、同じモノ、同じ人でも、見方を変えるとまた違った表情が見えます。一回撮影したものでも、その周りを歩き回って別の角度も探してみましょう **4**。撮影時のカメラマンの行動は「ウロウロすることだ」と心得ましょう。

長めに撮影しておく

不思議なことですが、動画を撮影していると、主観的な時間はゆっくり流れます。普段の1秒が3秒ぐらいに感じられて、「もう十分」とすぐにカメラを止めてしまいがちです。そうすると、編集のときになって「あれ、これしかない！？」となりがちなのです。編集では、ひとつのカットは最低5～10秒は必要です。ちょっと長いかな、というぐらいで丁度よいのです。

MEMO 「逆シュート」に気をつけよう

　動画撮影で最も怖いミスが「逆シュート」と呼ばれるものです。動画の撮影では、録画ボタンを押すと録画が始まり、もう一度押すと録画が止まるようになっています。何かの弾みでこれが逆転してしまう現象、それが「逆シュート」です。

　知らず知らずに録画ボタンを押してしまっていたことに気がつかず、いざ撮影しようと録画ボタンを押すと録画が止まってしまう。これに気づかずに撮影を続けると、写っているのはカメラを入れたバッグの中の暗闇だけ、ということになりかねません。録画中は必ず録画中のアイコンを確認するようにしましょう。

3 編集することを前提にいろいろなカットを撮影する

4 別の角度、別の高さで撮影する

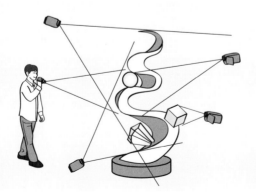

3-2 ▶ サイズ

「サイズ」とは、フレームに対する被写体の「大きさ」のことです。どんなサイズがどんな意味を持つのか、あらかじめ知っておくと撮影のときの迷いが軽減されます。

代表的なサイズは4種類

サイズには大きく、以下の4種類があります。実際にはもっと細分化されていますが、実用上はこの4つを押さえておけば十分役に立ちます。それぞれ、人物を撮影することを念頭に考案されたものですが、他の被写体にも応用できます。

①フルショット

被写体の全体が入るサイズ。人物なら、頭から足元まで（あるいは膝上まで）がフレームに入るようにします。車が被写体なら全体が余裕を持ってフレームに収まるようにします。このサイズは被写体の全体像を示すとともに、被写体とその置かれた環境を同時に示します　1　。

②ミディアムショット～バストショット

フルショットより寄って、人物なら腰や胸から上が写っている状態。車ならヘッドライトから前席のドアぐらいのイメージです。このサイズはいろいろな意味を持たせることができるので便利です。動画全体をこのサイズで撮ってしまうこともできます。

このサイズは被写体の全体観を示すこともできるし、一番見せたいものと全体との位置関係を示すこともできます。人物ならその人の服装と表情が同時に示せます。機械装置などのスイッチがどこについているのか、といった表現もこのサイズで行うとよいでしょう　2　。

③アップショット

人物なら顔の大写し。車なら、ライトなどパーツが大きく写っている状態です。

このサイズの意味は「強調」です。見せたいものを大きく強調して見せます。また材質などディテールを見せたいときもこのサイズです　3 。

④ロングショット

　空間全体を見せるサイズです。人物も車も風景の一部になってしまいます　4 。動画の導入部で使うと「始まり感」、最後のしめの部分で使うと「終わり感」が出て全体のまとまりが良くなります。

1　フルショット

2　ミディアムショット〜バストショット

3　アップショット

4　ロングショット

MEMO　　いろいろなサイズで撮ろう

　動画は、様々なサイズを組み合わせて構成するとより立体的に、メリハリのある表現になります。同じ被写体に対していろいろなサイズで撮影しておくことを心がけましょう。

　ひとつの被写体を「フルショット」「ミディアムショット」「アップショット」の3種類、少なくとも「フルショット」と「ミディアムショット」もしくは「アップショット」の2種類を撮影しておきましょう。こうしておけば、あとの編集の際にカットの選択肢が増え、より見応えのある動画にすることができます。

3-3 ▶ カメラアングル

カメラアングルとは、カメラの高さのことです。同じようなサイズ、構図の動画でも、カメラの高さを変えるとニュアンスが大きく異なってきます。

代表的なカメラアングルは3種類

　カメラアングルには、大きく3種類あります。いずれも主な被写体を基準にして、カメラをどんな高さに置くかによって決まってきます。

①ハイアングル　上から撮る

　被写体に対してカメラを上に置くアングルです。「俯瞰（ふかん）」とも呼ばれます。このアングルは広々とした空間を、奥行きをもって見せる場合に効果的です。このアングルで人物を撮ると、ちょっとさみしそうに映ってしまうので、インタビューシーンなどにはおすすめできません。広い庭園や公園、イベント会場の賑わいなどを撮影するのに向いています。

②アイアングル　水平に撮る

「目高（めだか）」などと呼ばれ、最も使用頻度の高いアングルです。カメラをカメラマンの目の位置に置いて撮影するので、肉眼で見ている状態に一番近いイメージになります。

　被写体に対する親しみも生まれやすいので、インタビューシーンなどはほとんどこのアングルで撮影されています。

③ローアングル　下から撮る

　いわゆる「アオリ」、「仰角（ぎょうかく）」などと呼ばれるアングルです。このアングルは被写体を強調したいときに用いると効果的です。高い建物をより高く、大きなものをより大きく強調することができます。人物をこのアングルで撮ると少し偉そうな印象になるので、インタビューシーンでの使用は避けたほうが無難です。

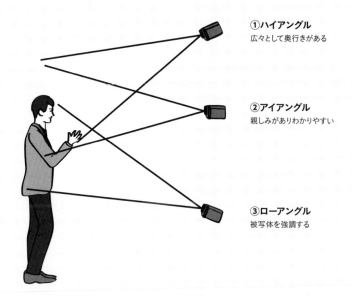

① ハイアングル
広々として奥行きがある

② アイアングル
親しみがありわかりやすい

③ ローアングル
被写体を強調する

MEMO　**基本はアイアングル**

　アングルを工夫するといっても、すべてのカットを「どうしよう？」と悩む必要はありません。基本はアイアングルで撮影しておけばOKです。アイアングルは、あなたが見たものに一番近く写り、どうしてそれを撮影したのか、という「動機」も素直に伝わるアングルです。

　そして、ここぞ！という強調したいカットで、ハイアングルや、ローアングルを使ってみましょう。動画構成にメリハリが出ます。

3-4 | 構図

「構図」とは、カメラのフレームに対する被写体の「収め方」のことです。いくつか典型的な収め方があるので、あらかじめ頭に入れておくとよいでしょう。

代表的な4つの構図

　ここでは典型的な例をいくつか見ていきましょう。撮影中、迷ったときの参考にしてみてください。

①真ん中に置く

　いわゆる「日の丸構図」といわれる構図です。

　スチール写真の世界では「最も工夫のない構図」として避けられることもあるようですが、実は、最もわかりやすく、見せたいものがはっきりする構図です。カメラをのぞく人の主張がシンプルに伝わります。動画の限られた視聴時間の中で、効率的に見せたいものを見せるにはもってこいの構図といえます。

②三分割法

　構図をひと工夫したいというときに
よく使われるのがこの「三分割法」です。
　その名前の通り、フレームの縦横を
三分割し、それをガイドにして構図を
作ります。分割線の上や、分割線同士
が交わる位置に、見せたいものがくる
ようにします。

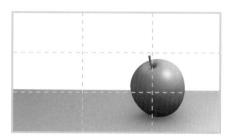

　例えば、リンゴ一個をフレームに収
める場合、リンゴが三分割線の上にく
るようにフレームを調整してみましょ
う。空間が活かされて雰囲気のある画
面になります

③対角線構図

　奥行きのある風景を撮影するときに
は、誰しも意識せずに使っている構図
です。

　対角線上に被写体を配置して奥行き
を表現します。卓上の小物などを撮影
する場合でも、この対角線を意識して
レイアウトすると変化と奥行きが生ま
れます。

④シンメトリック

　建物など、人工物はかなりの割合で
左右対称＝シンメトリックにできてい
ます。

　人間は左右対称のものを見ると安定
感が得られ、安心するのです。フレー
ムの中に「左右対称」を見つけ、それを
中心に構図を組み立てると、安定感の
ある構図になります。

3-5 | ピント

ここではピントの基本知識とビデオカメラに搭載されている「ピントを合わせる」機能を見ていきます。

自動でピントを合わせる

ピントが合っていない状態、いわゆる「ピンぼけ」は、動画を撮影する上で最も避けたいもののひとつです。そのためほとんどのカメラには、ピント合わせを自動化する様々な機能が搭載されています。

オートフォーカスを使おう

カメラのオートフォーカス機能がオンになっていれば、カメラが自動的にピントを合わせてくれます。よほど特殊な状況でない限り、オートフォーカスで問題ない場合がほとんどです。iPhoneやAndroid 端末などでも、オートフォーカスが標準です。

スポットフォーカスを使う

iPhoneなどのカメラは、タッチしたところにピントが合いますが、同様の機能が様々な家庭用ビデオカメラに搭載されていて、スポットフォーカス（Sonyの場合）などと呼ばれています。オートフォーカスでは思ったところにピントがこない場合などはとても便利な機能です。ぜひ活用しましょう。上記オートフォーカスと、このスポットフォーカスでほとんどの場合は乗り切れます。

顔認識機能を使う

多くのカメラには、人間の顔を認識してピントを合わせる機能があります。この機能をオンにしておけば、インタビューなどを収録しているときに、話者の顔にピントを合わせ続けてくれるので安心です。

レンズとピントの関係

レンズによってピントの合い方が違う

　カメラのピントが合う範囲と、レンズの焦点距離には相関関係があります。望遠の状態であればあるほど、ピントの合う範囲が狭くなり、シビアになります。逆に広角にしておけばほとんどの距離でピントが合うようになります。ピンぼけが心配な場合は、なるべく広角レンズで撮影するとよいでしょう。

マクロ（広角マクロ）

　小さな花や、手元作業を大きく撮影したい場合は、マクロ機能を使います。これを使うとレンズ面のごく近くまでピントが合うようになります。また、別売りのアクセサリーで「マクロレンズ」を使う方法もあります。

MEMO　　**マニュアルで合わせる場合はまずズームアップする**

　マニュアルでピントを合わせる場合は、まず、ピントがシビアな望遠レンズの状態にして合わせます。ピントが合ったらズームを引き、本来の画角に調整します。

MEMO　　**オートフォーカスが間違えやすい状況**

　オートフォーカスも実は万能ではありません。オートフォーカスが「迷いやすい」「間違いやすい（別の場所にピントを合わせてしまう）」ケースがあります 1 。

　例えば、被写体の背景にはっきりした縦縞や横縞がある場合には、そちらにピントが合ってしまい、被写体がボケてしまいます。また、柵越しの被写体などは、カメラが、被写体と柵の、どちらにピントを合わせたらよいのか迷ってしまいます。自分のカメラのオートフォーカスがどんな「クセ」をもってるか、いろいろな状況でチェックしておくといいでしょう。オートフォーカスがうまく働かない状態になったら、スポットフォーカスを使ってみましょう 2 。

背景にはっきりした縞模様があるケース。ピントが背景に合ってしまう

スポットフォーカスの例。タッチしたところにピントが合う

3-6 ▶ 明るさ

ピントと並んで重要なのが「明るさ」です。明るすぎると白く飛んでしまい、暗すぎると黒くつぶれる上、ノイズが多くなります。

明るさで起こりがちな３つのケース

明るさも、基本的にはカメラ任せで問題ない場合がほとんどです。ここでは、問題が起こりがちな３つのケースについて見ていきましょう。

①被写体の後ろが明るい場合

いわゆる「逆光」といわれる状況です。例えば人物を撮影していて、その人物の背景に真っ白な壁があるケースや、明るい空を背景に被写体があるようなケースです。この場合、オートのままでは背景に明るさが合ってしまい、肝心の被写体が暗くなってしまいます 1 。これを補正するには、カメラに「逆光補正」機能がついている場合にはそれを使います。ボタンを押すと逆光で暗くなった分を自動的に補正して、全体に明るくする機能です 2 。ついていなければ、明るさ（アイリス）を手動で調整できるようにして、「＋」方向に補正します。

オートで乗り切りたい場合には、被写体をアップにして、明るい背景の面積を小さくすると適正な明るさになります。

また、iPhoneをはじめ、多くのカメラでは、画面上で、明るさを合わせたいところをタッチすると、ピントと同時に明るさも自動で合わせてくれます。もっと明るく見せたいのに暗い！という場所を画面上でタッチしましょう。

②画面に明るい光源が入っている場合

画面の中に照明器具など明るいものが入っている場合です。オートのままでは先の逆光と同様、明るい照明器具に明るさを合わせてしまうため、肝心の被写体が暗くなってしまいます。この場合は、明るいものを画面から外すか、逆光の場合と同様の操作をします。

③全体的に暗い場合

　お店の中など、もともと照明が暗く、カメラが要求する明るさに届かない場合があります。カメラが明るく撮影しようとしても、その限界を超えて暗い場合です。この場合には、明るくするには照明を持ち込むしかありません。

　しかし、考えようによっては「もともと暗い場所が写っている」わけですから、多少暗くて当然です。画面を見て「いやな感じ」がしなければ、暗いままでOKという判断もあっていいでしょう。

1　逆光の例

空に明るさが合ってしまい、被写体が暗くつぶれている

2　カメラの逆光補正機能を使った例

被写体が明るくなる

3-7 ▸ 焦点距離

カメラのレンズで被写体がどう写るかを決めているのが「焦点距離」です。焦点距離によって写り方に特徴があります。

焦点距離は3種類に分けられる

　動画に限らず、カメラのレンズには、焦点距離の違いによって種類があります。大きく分けて3種類。「標準レンズ」「望遠レンズ」「広角レンズ」です。それぞれの特徴を見ていきましょう

> MEMO　**ズームレンズの焦点距離**
>
> 　一般的なビデオカメラにはズームレンズがついていますが、これは、3種類のレンズを連続的に切り替えられるレンズのことです。望遠側（遠くを一番大きく撮影できる状態）から、広角側（一番広く撮影できる状態）へとズームを動かしていくと、望遠レンズから標準レンズを経由して、広角レンズの状態へ至ります。

①標準レンズ

　ズームの中間、肉眼とほぼ同じイメージで写るあたりが標準レンズです。レンズの焦点距離表記でよく使われるいわゆる「35mm版換算」で50mm前後にあたります。日常的であまり刺激はありませんが、自然で身近な映像になります 1 。

②望遠レンズ

　ズームレンズを一番寄った状態にしてみましょう。遠くが大きく写る望遠レンズの状態です。遠近感はほとんどありません。ピントが合う範囲が狭くなるため、背景がぼやけ、ピンポイントで被写体を強調することができます。

望遠レンズの状態で手持ち撮影をすると、揺れが強調されてうまくいきません。手持ちのときには望遠レンズを避けたほうがよいでしょう 2 。

③広角レンズ

ズームレンズを一番引いた状態にしてみましょう。広角レンズの状態です。広い範囲が写ると同時に、望遠とは逆に、遠近感が強調されダイナミックなイメージになります。また、ピントも遠くから近くまで合います 3 。

2 望遠

1 標準

3 広角

これらの違いは、被写体のサイズを同じにして比較してみるとよく実感できます 4 。

4 同サイズで比較

望遠レンズ。背景はぼけて被写体が浮かび上がる

標準レンズ。実際の見た目に近い

広角レンズ。背景が広く写り、ピントも遠くまで合う。遠近感が強調される

3-8 ▶ カメラワーク

カメラワークとは、カメラを動かしながら撮影することです。この動画ならではの表現方法のコツを見ていきましょう。

代表的なカメラワークは3種類

　動画撮影の基本はFIX、つまりカメラを固定した撮影です。これが動画撮影の「基本中の基本」です。この方法では「収まりきらない」場合にはじめて、カメラワークを検討することになります。三脚を使った代表的なカメラワークは3種類あります。

①パン／チルト

　パンは、カメラを左右に動かして、ある地点からある地点までを見せるカメラワークです　1　。チルトは上下に動かします　2　。広場や町並みなど広い範囲を見渡すように見せたい場合や、製品の素材感や細工のディティールをじっくり見せたい場合などに使うと効果的です。ポイントは、「動かし終わりの構図（目的地＝キメ）」をあらかじめ決めておくことです。

〈パン（チルト）の手順〉

❶パン（チルト）の終わりの構図＝キメの構図を作る。このときの体の姿勢が一番ラクになるようにすることがポイント。

❷体をねじり、パン（チルト）の最初の構図を決める。

❸最初に決めた終わりの構図に向かってカメラを動かす。

❹ラクな姿勢でパンを終わる。

　このように、ちょっと苦しい姿勢から、ラクな姿勢へ向かって動かすことで安定した画面になります　3　。動かす前と動かし終わってからは、そのまま10秒程度FIXを撮影しておきます。

　また、パンやチルトは、往復分撮影しておくと、あとの編集で選択肢が増えて応用が利きやすくなります。

1　パン

❶パンの終わりの構図を決める
❷パンの始まりの構図を決める
❸パンをする
❹パンを終わる

2　チルト　　　　　　**3　パンをするときの体の姿勢**

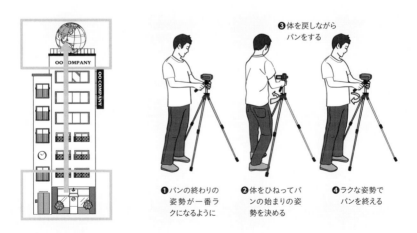

❸体を戻しながらパンをする
❶パンの終わりの姿勢が一番ラクになるように
❷体をひねってパンの始まりの姿勢を決める
❹ラクな姿勢でパンを終える

②ズーミング

　ズームレンズを使って「次第に寄っていく（大きく写す）」場合がズームイン、逆が
ズームアウトです　4　。被写体の全体像から部分へズームインして注目していくよう
な場面や、逆にひとつの建物から街並み全体へズームアウトして規模感を表現する
ような場面で使うと効果的です。

　ポイントは、パンやチルトと同じで、あらかじめズームの終わりの構図を確認す
ることです。「目的地に向かって」ズームするようにします。

MEMO　　**ズーミングに向かないカメラもある**

　ズーミングのなめらかさはカメラのズームレバーの性能によります。家庭用の
ビデオカメラでは、あまりうまくいかない場合もあります。その場合は、ズーム
は諦めて、引いた状態のFIXと、寄った状態のFIXを撮影しておき、後々の編集
でつなぎ合わせます。また、デジタル一眼カメラのレンズはズームレンズであっ
ても、ズーミングには適しません。この場合も引きと寄りを撮影して編集で組み
合わせましょう。スマートフォンではピンチインやピンチアウトでサイズを変え
ることができます。しかしこの場合はレンズの焦点距離を変えているわけではな
く、画面を拡大縮小しているだけです。機種にもよりますが、あまり拡大しすぎ
ると画像が荒れてしまう場合があるので注意が必要です。

4　ズーミング

ズームイン

ズームアウト

③フォロー

　歩いている人や、走っている車などを、パンなどで追いかけるカメラワークを
「フォロー」といいます。

　画面の真ん中、理想的には、進行方向にやや余裕をもたせた構図で、なめらかに被写体を追いかけます。これも、うまく、なめらかにできるかどうかは、三脚の性能に大きく左右されるので、うまくいかなかったら、手持ち撮影（次節参照）で乗り切りましょう。

MEMO　　**三脚のこと**

　ビデオ用の三脚とスチール写真用の三脚では、構造が違います。しっかりカメラを固定するだけでよいスチール写真用三脚と違い、ビデオの場合は撮影しながら動かしたり、調整したりする必要があるからです。

　ビデオ用の三脚には、カメラを動かすための取っ手であるパン棒や、なめらかに動かすための可動式の雲台、水平を確認できる水準器といったビデオ用ならではの機構が備わっています。

カメラワークは三脚の性能に依存する

　パンやチルトがうまくいくかどうかは、ほぼ三脚の性能に依存するといってもいいでしょう。ビデオ用の高性能な三脚は、最も安いものでも数万円しますが、しっかりしたパンやチルトを決めたければ、それだけの価値はあります。

　パンやチルト、ズームといったカメラワークは、高価な機材を使い、しかもかなりの訓練が必要な、「高コストなテクニック」なのです。安価なビデオ用三脚や、スチールカメラ用の三脚で済ませたい場合は、あらかじめ「全部固定カメラで撮ろう」という気持ちで撮影に臨みましょう。

右がスチール写真用の三脚、左がビデオ用。カメラを固定する脚の上に、カメラを動かす機構がついている

→ Chapter

3-9 ▶ 手持ち撮影

三脚を使わず、カメラを手に持って撮影することを「手持ち撮影」「手持ちカメラ」といいます。すぐ撮れる手軽な方法ですが、画面を安定させるためのコツがあります。

手持ち撮影では「安定感」が大切

　手持ち撮影は、カメラを手に持って、自由に撮影を行います。手持ち撮影をするときには、カメラの「揺れ」が大敵です。ともすれば、がくがく揺れた見づらい画面になりがちなので気をつけましょう。特に、スマートフォンや小型のデジタルスチールカメラのように小さな機材では、揺れた画面になりがちです。カメラの液晶画面ではそんなに気にならなくても、あとでPCなどで大きくして見ると意外に大きく揺れている場合があるので注意が必要です。

MEMO　**手ぶれ補正機能が必須**

　多くのビデオカメラには、手持ち撮影の際の揺れを補正する「手ぶれ補正機能」がついています。これを必ずオンにしておきましょう。

手持ち撮影を安定させるためのポイント

しっかりホールドする

　家庭用ビデオカメラには、ホールドするためのハンドストラップがついています。これに右手を通してしっかりホールドします。ぐらぐらしないように、ストラップはしっかり締めておきます。また、デジタルスチールカメラの場合は手持ち用撮影用の「グリップ」を使うと安定します。

1 ホールドの仕方の例

ビデオカメラ

ビデオカメラの場合

左手は、液晶画面に添えて両手で水平を保つイメージです。左手でレンズを下から支える方法もあります。

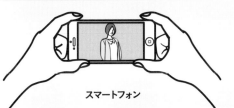

スマートフォン

スマートフォンの場合

両手を使ってホールドします。スマートフォンのレンズは機器の上端についているので、左手の指が映り込みがちなので気をつけましょう。写真は、筆者おすすめのホールド。レンズへの指の干渉を防ぎ、スマートフォンも安定します。

デジタルスチールカメラ

デジカメの場合

左手でボディとレンズを支え、安定させます。右手は軽く添えてシャッターを押すイメージ。いわゆる「ライカ持ち」と呼ばれる昔からあるホールドです。

実際にいろいろ試して、自分にあったホールドスタイルを探してみましょう **1** 。

寄りかかる

　柱や木、家具などがすぐそばにある場合には、それに寄りかかって体を固定するとぶれにくくなります。椅子や机に肘をついて固定するのもいいでしょう **2** 。

歩きながら撮る場合

　歩きながら撮影すると空間を立体的に見せることができます。この場合にもぶれはなるべく目立たないようにしたいものです。

　歩きながら撮影する場合は、一歩ごとにカメラに伝わる衝撃が大敵。膝をやや曲げ、腰の高さを一定にして、カメラの上下運動がなるべく起こらないように気をつけます。肘を体から浮かせて腕をバネのようにして脚の衝撃を吸収するようなイメージで撮影するとうまくいきます。腕で、おそば屋さんの「出前マシンのバネ」を演じる感覚です **3** 。ただカメラをまっすぐ向けて歩くだけではなく、注目して欲しいものにカメラを向けてフォローしたり、回りこんで見せたりすると目線の動きに近くなり、自然に空間の立体感を表現できます。

2

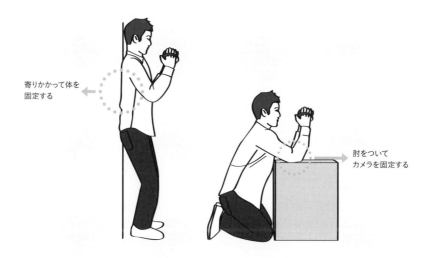

寄りかかって体を
固定する

肘をついて
カメラを固定する

3

肘を浮かせてバネ
のように衝撃を吸
収する

腰をやや低くする

膝を少し曲げて
体が上下しない
ように歩く

3-10 ▶ インタビューを撮る

動画の中でもインタビューは制作頻度の高いもののひとつです。インタビュー動画で一番大切なのは音声の聞き取りやすさです。

音声をきれいに収録するためのポイント

インタビューでは、映像もさることながら「音声が聞きやすい」ことが最も重要です。音声収録を重視した撮影の仕方を見ていきましょう。

静かな部屋で撮影する

コメントがきれいに録音できるよう、なるべく騒音のない静かな場所で撮影しましょう。周りが静かであれば、特に何も意識することなくきれいに音声収録ができます。カメラの設定は、いつもの「フルオート」で行います。

> **MEMO**　**静かでも避けたい場所**
>
> 静かな場所であっても、コンクリートの打ちっぱなしの部屋など、音の反響が大きい場所は避けた方が無難です。声にエコーがかかってしまい、聞き取りにくくなります。

音声がしっかり録れる位置にカメラを置く／音を確認する

多少周りがガヤついている状況で、カメラのマイクで録音する場合は、カメラを出演者の近くに置くように心がけましょう。カメラの位置が出演者から離れてしまうと、声が小さく録音されてしまいます。また、周りの音や、部屋の反響を拾いやすくなり、声がくぐもったりして、聞き取りにくくなります。

インタビュー収録時には、イヤホンなどで音を確認するようにしましょう。一度

テスト録画してみて、再生して確認するとよいでしょう。また、録音レベルがモニターに表示できるカメラもあるので、常時表示させるように設定して、きちんと録音できているか、視覚的にも確認できるようにしておきましょう **1** 。

マイクを使う

　カメラを自由な位置に置きたい、もしくはカメラマイクよりもさらに明瞭に録音したい場合には外付けのマイクを使うとよいでしょう。クリップで出演者の服に装着するタイプのものや、小さなスタンドタイプのものなどがあります。Bluetoothを使ってワイヤレスで録音できるマイクもあり、それを使うと自由度はさらに増します。また、出演者にマイクを手にしゃべってもらえば、さらにきれいな音で収録できます **2** 。

　ただし、コンパクトデジタルカメラなど、外付けのマイクが接続できないカメラもあるので、メーカーの取扱説明書をよく確認してから機材を購入してください。

スタンドマイク

ピンマイク

ハンドマイク

インタビュー撮影のサイズと画角

バストショットが基本

　サイズは、バストショットを基本にします。カメラの高さは出演者の胸元〜目の高さが一般的です。カメラ目線の場合には、出演者がうつむいたり、上を向いたりしないよう、目の高さにカメラを置くように心がけましょう 3。また、カメラ目線ではなく、フレーム外のインタビュアーに向かってしゃべってもらう場合には、顔が向いている側に少し余裕を持たせるようにすると、自然な感じになります 4。

　インタビュアーの目の高さは出演者の高さに合わせます。出演者が椅子に座っている場合は、インタビュアーも椅子に座って目の高さを同じぐらいにします。こうすると出演者も話しやすく、目線も自然になります。

3　バストショットが基本

カメラ目線の場合

4　余白をとる

顔が向いている
側に余白を作る

画面の外のインタビュアーに向かって話している場合

MEMO　　リラックスできるように心がける

　インタビューでは、とにかく出演者が自然な体勢で、リラックスして話ができるよう、心がけましょう。特に出演者がなれていない場合は、少なからず緊張しています。撮影を始める前に何気ない世間話などで和ませる工夫も必要です。

　また、あまり何度もやり直しをするとますます緊張してしまい、せっかくの良いコメントなのに表情が硬くなってしまう場合があります。OKテイクのハードルを上げすぎないように注意し「よっぽどひどくなければOK！」程度の気軽さを持つことも大切です（2-4参照）。

特殊なインタビュー

ひと言インタビュー

　イベントの会場などで来場者に声をかけて感想を聞いてみるなど、いわゆる「突撃インタビュー」形式の取材をしたい場合もあります。この場合、カメラのマイクが周囲の音を拾ってしまい、音声が聞き取りにくくなりがちです。カメラの位置は、なるべく、話者の正面におきましょう。そして、遠慮せずにぐっと近づきます。レンズは広角にしておくと、近くからでもバストショットが撮影できます。もちろん、いきなりカメラを向けるのは失礼な行為です。必ず、一声かけて許可をもらってから撮影するようにしましょう。

自分を撮る場合

　自分が出演者になってカメラ目線でコメントしたり解説したりする場合も、基本的な注意点はインタビューの場合とほぼ同じです 5 。

　家庭用ビデオカメラの場合は液晶モニターを180度回転させて自分から見えるようにします。スマートフォンの場合はインカメラで撮影しましょう。

　自分を撮る場合に特に気をつけたいのは目線です。撮影しているときにはついつい液晶モニターの方を見てしまいがちです。すると「どこを見て話しているのかわからない目線」になりがちです。きっちりと、カメラの「レンズ」を見るようにしましょう。

　また、小さな卓上三脚などをテーブルの上に載せて撮影するような場合には、カメラ位置が低くなりすぎないように注意しましょう。顔をあまり下から撮影してしまうと「しもぶくれ」の顔に写ってしまいます。

5　自分を撮る

液晶画面を見ていると目線が外れる

レンズを見よう

カメラを低くしすぎないように注意

Chapter

3-11 ▶ 小物の撮影

商品カットなど、小物を卓上において撮影する場合には、簡単な照明の知識があると便利です。

　卓上の小物などを立体的に、きれいに撮影するためには、照明がポイントになります。特に重要なのは、光を柔らかくしてコントラストを抑えるテクニックです。

レースのカーテンやトレーシングペーパーを使う

　例えば、窓から入った外光が被写体に直接当たっている場合は、被写体の窓に面した側が一番明るく、反対側には濃い影ができます。そのままでは明るい部分と暗い部分の差が大きく「硬い」印象に写ってしまいます。

　そこで、レースのカーテンを引いたり、トレーシングペーパーなど光を透過拡散するものを窓側において光を和らげます。

レフ板を使う

　レフ板とは、写真撮影のときに、光を反射させて使う照明機材です 1 。専用のものもありますが、白いイラストボードなどでも代用できます。レフ板を使って光源の光を反射させて暗い部分に当てると、コントラストを和らげることができます。

1　レフ板

窓からの光で撮影する場合

　レフ板を窓からの光が反射する場所に置き、影の部分に反射光を当てます。レフ板の角度や、被写体からの距離をいろいろ変えてみて、最も良い角度、位置を決めましょう 2 。

天井の照明の光で撮影する場合

　天井のライトなど上から光が当たっている場合には、カメラのレンズの下側にレフ板を置き、上からの光を反射させて被写体に当てます。こうすることでコントラストも和らぎ、陰りがちな被写体の正面を光で補うことができます **3** **4** 。

2 **レフ板の活用ー窓からの光を使って撮影する例**

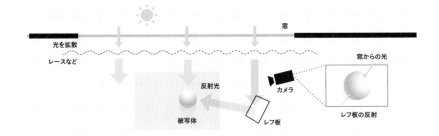

3 **レフ板の活用ー天井ライトを使って撮影する例**

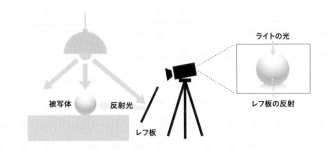

4 **天井光のみ（左）、レフ板あり（右）**

被写体の下側が暗い

暗い下側をレフ板の反射光で補う

背景の紙や布の注意点

　紙や布などを敷いて撮影する場合には、特に狙いがなければ真っ白や真っ黒など極端な明るさのものは避けるようにしましょう。特にカメラをオートにして撮影している場合は、背景の明るさに引っ張られて肝心な被写体がくすんでしまったり、飛んでしまったりする場合があります。グレーやベージュなどの中間色を選び、被写体と極端な明るさの差がつかないようにしましょう。

背景による写りの違い

白い背景では被写体がくすみがち

黒い背景では被写体が明るくなりがち

グレーやベージュにするとバランスよく撮影できる

食べ物は明るく撮る

　料理やお菓子は、肉眼ではとても美味しそうなのに、ビデオに撮るとなんだか、あまり美味しそうに見えないことがあります。

　特に背景が明るかったり、料理自体が白っぽかったりすると、カメラが自動的に明るさを抑えてしまい、肝心の料理が少し暗くなってしまいます。このようなときは、明るさ調整をマニュアルに切り替え、少し明るくします。極端に暗くなければ、編集のときに調整することもできます。編集時の調整では、同時に「色味（彩度、サチュレーションとも呼ばれます）」を強くする補正も試してみましょう（4-7, FAQ7参照）。

暗くなった食べ物

補正後

3-12 ▶ 建物や風景の撮影

屋外で撮影する場合には、天候が大きなポイントになります。天候によって、光の状態が大きく変わるからです。

天候の違いによる撮影のポイント

　屋外で、風景や建物を撮影する場合のポイントをまとめてみました。、屋外での撮影ではお天気が成否の鍵を握ります。とはいえ、いつも晴天に撮影できるとは限りません。天候別の撮影のポイントを見ていきましょう。

晴れの日は正面から太陽が当たる時間に

　運良く晴天に恵まれた場合は一安心です。しかし、晴天の場合は、時刻によって太陽の光が刻々と変わっていくことに気をつけましょう。撮影したい建物やモニュメントの後ろから太陽の光が当たっている場合には、逆光で暗くなってしまいます。このとき、逆光補正などで補正しても、せっかくの青空が白く飛んでしまってきれいになりません。そのような場合は、光が正面から当たる時刻まで待つなどして再トライしてみましょう　1　。

曇りの日は、空の面積に気をつける

　曇り空の場合には、全体的に暗くならないように気をつけます。曇りの日の屋外では、一番明るいものは真っ白な「空」です。カメラを「オート」にして風景を撮影する場合、空の面積を多くとってしまうと、露出が空に合ってしまい、全体に暗くなってしまいます。空の面積を少なくするようなサイズ、アングルにするか、逆光補正などで補正します（3-6参照）　2　。

雨天の場合は諦める

　雨天の場合は、通常は中止という判断が賢明です。どうしても撮影する場合は、曇りの日と同様、暗くならないように注意しましょう。また、カメラが雨にぬれると故障の原因になるので、ビニール袋などで工夫して、カメラを覆うとよいでしょう。

1 　順光を狙って撮影

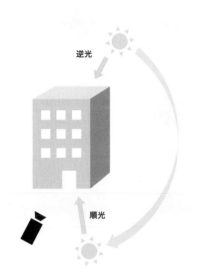

2 　空の面積を小さくすると被写体が暗くならずに済む

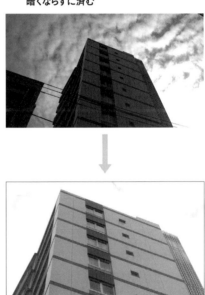

3-13 便利な撮影グッズ

このコーナーでは、ひとつ持っておくと意外に役立つ撮影グッズをご紹介します。

　撮影は、カメラと三脚さえあればできますが、持っておくと重宝する撮影グッズがいろいろ開発されています。日々いろいろなものが開発されていますが、ここでは、ごくベーシックなものをいくつかご紹介しましょう。

カメラを固定するもの

ミニ三脚

　ちょっとしたインタビューや小物撮影で重宝するのがミニ三脚です。卓上において使います。小さく軽いのでカメラと一緒に持ち歩けばいざというときに役に立ちます 1 。

スマートフォン用三脚アダプター

　スマートフォンを三脚に取り付けるときに使うアダプターです。いろいろな方式のものがあります。スマートフォンのサイズに注意して購入するようにしましょう 2 。

自撮り棒

　スマートフォンやデジカメで自分を撮影するのに使うものですが、自撮り以外にも、高い位置からの撮影や、身を乗り出しての撮影など、役に立つ場面があります 3 。

ミニ三脚も様々なものがあります。柔軟性のある素材でできたものや、ハンドグリップ代わりに使えるものもあります。

スマートフォン用の三脚アダプターは、サイズに注意しないとせっかく買っても使えない羽目に……。

レンズの性能を拡張するもの

ワイドコンバーター

　室内の狭い部屋などで全体像を撮影したいというとき、もともとのカメラのレンズでは引ききれない場合があります。ワイドコンバーターを使えば焦点距離を擬似的に短くすることができ、より広い範囲をフレームに収めることができます 4 。

マイクの性能を補助するもの

スマートフォン用指向性マイク

　スマートフォンでコメントを録音するときに便利なマイクです。指向性が強くなるので、多少離れた人の言葉もはっきり録音できます 5 。

MEMO　ジンバル

　いわば、自撮り棒の超進化版が「ジンバル」です。ジャイロ機構が内蔵されていて、カメラの揺れや傾きをリアルタイムに補正します。これがあれば、手持ち撮影が一気にグレードアップします。YouTubeでもよく見かける、なめらかな移動撮影はこのジンバルを使っている場合が多いのです。機種によって取り付けられるカメラの種類に違いがあるので自分のカメラに対応しているか、注意が必要です。

3

自撮り棒を使うときは、周りの人に注意して安全に使用しましょう。

4

レンズを広角にしてくれるワイドコンバーターの他、さらに望遠にしてくれるテレコンバーターもあります。

5

スマートフォンだけでは、なぜかうまく録れないない、というときに、もうひとつの選択肢として、もっておいて損はない機材です。

3-14 ▶ カメラの種類

動画を撮影できるカメラは、身の回りにたくさんあります。それぞれどんな特徴があるのでしょうか?

ビデオカメラの5分類

　現代は、ビデオカメラのデフレ時代です。家庭用のビデオカメラはかつてなかったほど安くなり、ほとんどのデジタルカメラは動画撮影機能をもっています。また、スマートフォンも優秀なビデオカメラに変身します。ここでは、身の回りのビデオカメラを5つに分類し、特徴をまとめてみました。

①家庭用ビデオカメラ

　動画を撮影するのがまったく初めて!という方には最もおすすめできるカメラ。家庭用のビデオカメラは、子どもやペット、草花、風景、と多種多様なものを、なるべく失敗しないで撮影できる工夫がたくさんなされています。映像だけではなく、音もきれいに録れることもおすすめポイントです。

②コンパクトデジタルカメラ

　コンパクトデジタルカメラをいつも持ち歩いている、という方も多いはず。コンパクトデジタルカメラの動画機能も、実は結構優秀なものが多いのです。使い慣れているコンパクトデジカメがあるのなら、その動画機能で撮り始めてみるのもよいでしょう。

③スマートフォン／タブレット端末

　スマートフォンの動画機能の発達は目覚ましいものがあります。スマートフォンの4K動画も当たり前になりました。いつも持ち歩いている、そして使い慣れているスマートフォンの動画機能で撮り始めてみましょう。またタブレット端末も画面が大きい分、使いやすいカメラになり得ます。

④デジタル一眼カメラ

　プロの現場でも活躍しているデジタル一眼カメラの動画機能。背景をきれいにぼかすことができるなど、まるで映画のような映像が撮影できます。デジタル一眼カメラを持っているなら、挑戦してみましょう。ただし、かなり高度な写真センスと知識が要求されるのも事実。また、音に関してはあまり良くないカメラもあるので、高音質なICレコーダーを同時に回すなど工夫と投資が必要な場合もあります。

⑤スポーツカム

　最近人気のあるカメラに、いわゆるスポーツカムというものがあります。GoProに代表される、身体や車に装着して撮影するカメラです。画質も良く、普通のカメラではとうてい無理なアングルからの撮影も可能です。動画のテーマによっては活躍してくれるかもしれません。

MEMO　一眼レフとミラーレス一眼って？

　デジタル一眼レフと、ミラーレス一眼って何が違うの？という疑問をよく耳にします。何が違うのでしょう？

　スチールカメラの世界で、もともと一般的なのは「一眼レフ」という方式のフィルムのカメラでした。これは、レンズから入ってくる光を、ファインダー方向とフィルム方向に、ミラーを使って振り分けるという仕組みのカメラです。

　画角を決めるときにはレンズからの光はファインダーに入り、肉眼で見ることができます。シャッターを押すと、その時間だけフィルムの方へ光が届いて画像が写ります。この機構をそのまま電子化したのが、デジタル一眼レフカメラです。フィルムを電子の素子に置き換えたわけです。

　ミラーレス一眼は、その名の通り、デジタル一眼レフカメラから、ミラーを取り除いて小型化したものです。レンズの光は常に映像記録の素子に届き、それを液晶画面でリアルタイムに見てアングルを決めます。

　どちらが性能がよいかは、素子の大きさやレンズの性能などに左右されるので一概にはいえません。ミラーレスは機構がシンプルな分、小型のカメラが多いので、軽くて小さいカメラを使いたい場合には良い選択肢になるでしょう。

コラム

カメラの3つの選択肢

カメラ選びのヒントとして、3つのニーズに分けて選択肢を考えてみましょう。

1 絶対失敗したくない → 家庭用ビデオカメラを選ぼう

動画を上手に撮影するためだけに開発されている専用機なのであらゆる「失敗」をカバーしてくれる機能が満載されています高倍率のズームレンズや賢い手ぶれ補正を備えていて、オールラウンドに活躍できます。

構えやすい

音も良い

強力な
手ぶれ補正

高倍率
ズーム

2 カッコ良い画を撮りたい → デジタル一眼カメラを選ぼう

スチールカメラならではの雰囲気のあるカットが撮影できます。ただし、スチール写真のためにデザインされたカメラで動画を撮ることになるので慣れや工夫、さらには周辺機器も必要です。3つの選択肢の中では最も高コストになってしまうでしょう。

映画のような
映像表現

交換レンズなど
アクセサリーが
豊富

高画質な
写真も撮れる

3 手軽に始めたい → スマートフォンを使おう

手持ちのスマートフォンやタブレットで始めてみるのが最も手軽な選択肢です。機能が限られている分、割り切りやすくスピーディーに動画制作ができるでしょう。また、編集もスマートフォン内で行えば編集を含めて、トータルな手間暇、出費が最も安く抑えられます。

編集もできる

とにかく
手軽

→ Chapter

4

動画の
編集術

4-1 → 動画編集の基本

撮影してきた動画の素材は、編集アプリを使って「編集」して仕上げます。

YouTube動画配信までの流れ

編集作業の手順

　撮影したものをほぼそのままアップしてしまう簡易的な作り方でも動画の魅力を伝えることができます。しかし、それでは伝えきれない複雑な構成のものや、文字情報を入れたい場合は、編集が必要になります。ここでは編集の基本的な進め方を見ていきましょう。

編集アプリを用意する

　編集は、各種ビデオ編集アプリを使って行います。Windows、Mac、iOS、Android、それぞれのプラットフォームに編集アプリのラインナップがあります。定額のサブスクリプションや、無料で提供されているツールもあるので、自分の環境や使い方にあったものを選びましょう。

　スマートフォンで撮影するのであれば、同じスマートフォン内で編集まで行うのもよいでしょう（3-14参照）。編集アプリをインストールしたら、以下の手順で編集作業を行います。

①編集アプリに読み込む

まず、撮影した動画を編集アプリに読み込みます。使用する編集アプリによって方法が異なりますので、マニュアルに従って読み込みます。

②いらない部分を削除する

撮影した動画素材には、前後に余分なものが写っています。編集の第一段階はそれをカットすることです。カメラの揺れや、出演者の咳払いなど、いらない部分を削除します（4-2 参照）。

③並べる／並べ替える

余分な部分を削除したら、それを順番通りに並べていきます。余分な部分を削除しながら並べていく、という方法でもいいでしょう。余分な部分を削除した動画を「単語」、それを並べていくと「文章」になる、と考えるとわかりやすいかもしれません（4-3 参照）。動画を使って文章を綴るのが編集、というイメージです。

④文字や音楽、ナレーションを入れる

必要に応じて、動画に文字、BGM やナレーションを入れていきます（4-4, 4-5 参照）。

⑤見直してみる

こうして編集した動画は、何度か見直してチェックしましょう。編集アプリの中で見直すだけではなく、書き出して別の PC で見たり、スマートフォンで見たり、見る環境やデバイスを変えると新たな発見があったり、思わぬミスを見つけられたりします。

> **MEMO**　　**編集の単位**
>
> 撮影した一つひとつの動画を「カット」といいます。この「カット」がつながって文章の段落のようになったものが「シーン」です。そして、そのシーンがつながってひとつのストーリーになったものを「シークエンス」といいます。この「シークエンス」がいくつか集まったものが「作品」です。

⑥書き出す

編集が終わったら、一本の動画ファイルとして書き出して完成です。YouTube にはこのファイルをアップロードします。

4-2 いらない部分を削除する／分割する

動画編集の最初の作業が「いらない部分を削除する」ことです。

削除・分割機能を使う

編集アプリの最も基本的な機能が「いらない部分の削除」です。撮影した動画の、必要な場面の前後についているいらない部分を削除してきれいにします。例えば、ピントが合う前だったり、カメラがふらついていたり、不要な笑い声やコメントが入っていたり、といった部分です。

いらない部分を削除することを「トリミング」といいます。

トリミング操作はほとんどのソフトで共通で、選択したムービーの始まりと終わりをスライダーの長さで指定するというものです 1 2 。

分割する

編集アプリの基本的機能には「分割」もあります。「カミソリツール」「レーザーツール」「分割」といった名前の機能がそれです。これらのツールを使って、不要な部分を切り取り、削除することができます 3 。また、切れ目の間に他のカットを挟み込むことも可能です 4 。

1　動画のトリミング

撮影した動画

削除	使いたい部分	削除

2　iMovieのトリミング機能

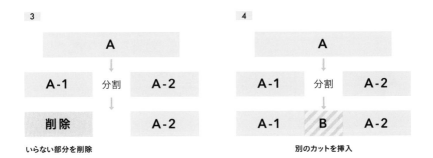

いらない部分を削除　　　　　　　　　　　　　別のカットを挿入

MEMO　**最初と終わりは少し余裕をつけておく**

　最初に再生されるカットの始まりや、最後に再生されるカットの終わりには、少し余裕をつけておきます。PC上で見せるにしろ、YouTubeで配信するにしろ、再生が始まる前に再生ソフトが立ち上がったり、動画を読み込んだりします。そのタイミングによっては、せっかくの動画の頭が切れてしまったりすることがあるからです。

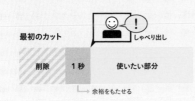

最初のカット

削除　1秒　使いたい部分

余裕をもたせる

　特に最初のカットの頭には、1秒程度の余裕をつけておきましょう。撮影するときも、それを見越して始まりに余裕をもたせておきます。特に最初のカットで何かコメントをしゃべっているような場合は、注意が必要です。

MEMO　**編集はシンプルに**

　編集アプリのマニュアルを読むと、トランジション（画面切り替えのエフェクト）や、色を変更したり、画面を歪めたり、といった様々なエフェクトが登場してきて、「こういうことをするのが編集なのか」と思ってしまうかもしれません。でも実際には、特殊な効果のほとんどは使う必要のない「おまけ」です。

　通常編集作業で使うのは、「余分なところを削除する」「並べる／並べ替える」、そして、テロップと呼ばれる文字の挿入ぐらいです。特殊なエフェクトに無駄な時間や手間をかけることなく、シンプルな編集を心がけましょう。

4-3 カットを並べる／並べ替える

撮影したカットをあれこれ並べたり、並べ替えたり、編集の面白さや楽しさはここにあります。

カットの並べ方

　編集の楽しさは、撮影したカットをどの順番で並べていくか、その試行錯誤の中にあります。同じ素材でも、順番によってまったく違うニュアンスで見えたり、わかりやすくもわかりにくくもなります。また、あらかじめカットの順番をシナリオに書いて作業していたとしても、編集で実際につないでみると、うまくいかないことがあったり、もっといい順番が見つかるかもしれません。あれこれつなぎ変えて、試行錯誤の楽しさを味わってみましょう。

失敗しない並べ方

　カットの並べ方に特にルールがあるわけではありませんが、一般論として「失敗しない」並べ方があります。そのひとつに「全体がわかるカットから次第に詳細に展開するように並べる」という考え方があります。例えば、あるカフェを動画で紹介するときに、次のように「全体から部分へ」とつないでいくと混乱を防ぐことができます **1** 。

❶通りからお店の外観を撮影したカット（こんなお店があるよ）
❷看板のアップ（お店の名前はこれ）
❸入り口からお店の全体を撮影したカット（店内の雰囲気も GOOD）
❹人気のアップルパイを撮影したカット（おすすめメニューはコレ）
❺店主のインタビュー（気さくなマスター）

並べ変える

前項の「失敗しない並べ方」で並べた動画は、何度か見ているうちに、「なんだか退屈」と思えてくるかもしれません。混乱しない代わりに、期待感やワクワク感が薄いかもしれないからです。これをつなぎ変えてみましょう。つなぎ変えることによってカットの意味や担う役割も少し変わってきます。

❶看板のアップ（こんなお店があるよ）
❷人気のアップルパイを撮影したカット（こんなにおいしそうなスイーツが食べられるよ）
❸入り口からお店の全体を撮影したカット（店内の雰囲気もGOOD）
❹店主のインタビュー（気さくなマスター）
❺通りからお店の外観を撮影したカット（大通りに面したおしゃれなお店でした）

このように並べ替えるとどうでしょうか？　見ている人が気になる「お店の名前」と「人気のメニュー」が最初のほうに見えてきます。そこで「そそられた」人は、そのあとのカットも興味をもって見てくれるに違いありません。これが「並べ替え」の効果です 2 。

他にも、店長のインタビューから始める、お店の中のカットから始める、など、たった5つの動画を構成するだけでも様々な可能性があります。そして、どの順番を採用するかによって、意味合いも伝わる情報も変化します。最初の編集にいまひとつ納得できなかったら、いろいろとつなぎ変えてみましょう。

よく使われる編集テクニック

最後に、動画の編集でよく使われるコツとテクニックを3つ紹介します。

①隣り合うカットはサイズを変える

並べるというのは、あるカットと別のカットを隣り合わせにすることです。このとき、隣り合ったカット同士をできるだけ「似ないように」すると見やすい編集になります。

例えば、椅子に座って料理が運ばれてくるのを待っている人のカットの直後に、まったく同じサイズ、アングルで料理を食べている人のカットをつなぐと、時間が

2

飛んだ感じがして違和感が出ます。これを「ジャンプカット」といい、テレビ番組などの編集では、なるべく避けたほうがよいとされています。

　ジャンプカットを避けるには、前述の料理を食べているカットを、料理のアップや食べている人のアップなどに変更すれば違和感はなくなります。撮影時にいろいろなサイズを撮影しておけば（3-2参照）、編集時のこのような工夫も可能になります　3　。

3

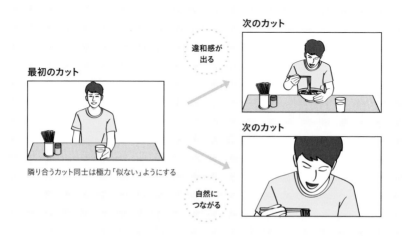

最初のカット

違和感が
出る

次のカット

自然に
つながる

次のカット

隣り合うカット同士は極力「似ない」ようにする

②ジェットカット

　ジェットカットは、よくYouTubeなどで見かけるテクニックです。カメラに向かって出演者がコメントを語っているとき、無言の間や「えー」「えーと」「それから……」など、余分な部分をどんどんカットしてコメントのテンポを強制的にアップさせます。これをやると、前項「隣り合うカットはサイズを変える」とは真逆の見た目になりますが、長いコメントでもテンポ良く聞いてもらえる利点があります　4　。

4 ジェットカットのイメージ

| こんにちは | えーっと | 先日入った喫茶店 | なんですが | なんと | ですね | オウムがいたんです！ |

↓ グレーの部分をカットするとテンポアップする

| こんにちは | 先日入った喫茶店 | なんと | オウムがいたんです！ |

③インサートカット

5

　場所が変わった、時間が経過した、といった「少し目先を変えたい」ときによく使われるのが「インサートカット」と呼ばれるものです。場所が変わった最初のカットに、何でもない道の風景を挟む、あるいは時間が経過するときに、何でもない空の雲を挟む、といった演出で、「膨らみ」のある表現ができます。

　先のカフェの紹介動画なら、店内の全景のあとなどに、店にある趣味の良い調度品や飾ってある観葉植物など雰囲気のあるカットを挟むと良いアクセントになるでしょう 5 。

こんなお店があるよ

お店の名前はこれ

café
ange

店内の雰囲気も GOOD

〈インサートカット〉
店の調度品や
飾ってある花など

《

おすすめメニューはコレ

マスターもさわやか！

4-4 ▶ テロップを入れる

画面の中に表示する文字を「テロップ」といいます。テロップを使えば、映像だけでは伝えきれない説明を動画に追加することができます。

テロップの種類

画面にテロップを表示することで、動画に説明を加え、よりわかりやすくすることができます。雑誌などに載っている写真には、文字で「キャプション」がついていますが、その動画版と考えるといいでしょう。

また、インタビュー動画や、ナレーションなどが入っている場合でも、音声の内容をテロップで補足すれば、よりわかりやすく確実にメッセージが伝わるようになります。キャプション的なテロップが映像に対する補足だとすると、この場合は「音声」に対する補足ということになります。

テロップの種類や入れる場合の注意点を見ていきましょう。大体、4種類ぐらいに整理しておくと混乱せずにテロップ入れが行えます。

①メインタイトル

動画のタイトルです。一般的には、画面の中心に大きな文字で入れます 1 。

②サブタイトル

メインタイトルに付属してちょっとした説明を入れたい場合に使います。メインタイトルと同じ画面に入れたり、メインタイトルの次に入れます 1 。

③説明テロップ

標準的には、画面の下に小さめに入れます。写っているものの名称や説明、インタビューのコメント補足など、様々な用途に使われます 2 。

④サイドテロップ

　動画の「見出し」として、右上や左上にサイドテロップを併用する場合もあります **2** 。

テロップ作成のポイント

テロップの大きさ／文字数

　大きさについては特に決まりはありません。先の「テロップの種類」の項でも述べたように、メインタイトル以外は画面の邪魔にならないよう、小さめに下に入れるのが標準です。スマートフォンで見ることを考えるとあまり小さくしすぎない方がいいでしょう 3 。

　画面下に入れる説明的なテロップは、1行10〜15文字を基準に考えましょう。通常は2行までに収めるように考えます。また、「、」や「。」といった句読点は通常は用いません。「、」を入れたいところは半文字程度開けると読みやすくなります 3 。

テロップの長さ

　テロップの長さは「ゆっくりめに音読する長さ」が標準です。頭の中で黙読するのではなく、声に出してゆっくりめに読んでみましょう。インタビューのコメントや、ナレーションを補足するテロップの場合には、なるべく「音声にピッタリ合わせる」ことが基本になります 3 。

テロップの階層

　テロップの役割によって表示する位置を決めておくと混乱せずに済みます。例えば、いくつかの場所を巡る動画の場合、動画のテーマになる「見出し」を左上のサイドテロップ、「地名」を右上のサイドテロップ、それ以外の説明的なテロップは下位置の中央に置くなど。

MEMO　　**句読点の扱い**

　通常、テレビ番組などでは、テロップには句読点を用いないのが標準です。とはいえ、これは映像業界の標準というだけなので、句読点を用いても一向にかまいません。特に、白い背景に文字だけを表示しているような場合は、句読点を用いた方がより自然に感じられる場合もあります。

3 説明テロップのサイズと文字数・長さ

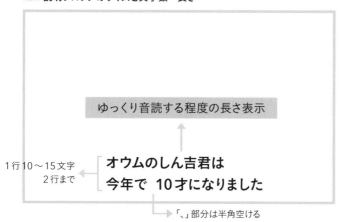

4 テロップを位置によって階層化する

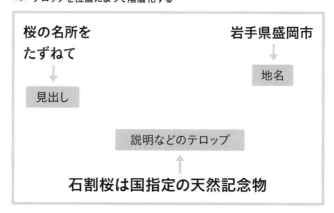

文字の装飾

伝統的に「最も読みやすい」とされているテロップは、白い文字に黒い縁取りというデザインです。このデザインはほぼ鉄板で、どんな背景の上でも可読性に優れています。応用として、黒い文字に白いエッジも比較的背景を選ばないデザインです。

その他、影や、ベース（ざぶとんとも呼ばれます）を使うことで可読性をアップすることができます 5 6 7 。

また、白や黒ではなく、文字に色を付ける場合でも、縁取りをすることで文字の中を背景と切り離し可読性を上げることができます。

例えば、注意を引きたい言葉を赤い文字にしたような場合、そのままでは背景によっては、うまく目立ってくれない場合があります。そこで白い縁取りをつけると文字と背景とがうまく切り離されて可読性が高まります。

MEMO　　フォントについて

印刷用のフォントに比較して、太い書体のほうが動画には向いています。印刷に比較して解像度が低いからです。

また、どんなケースでも落ち着くのはゴシック系のフォントです。可読性にも優れているので、特別な狙いがなければゴシック系のフォントを使いましょう。

ゴシック系のフォントは、あまり「演出の意味」を感じさせない、中立的なフォントで、どんな場合でもフィットします。

フォントの使用については、PCのOS付属のフォントは無料で使用できますが、あとで独自にインストールしたものは、商業利用に使用料がかかる場合があるので、フォントの使用条件をよく読んで使うようにしましょう。

5 白い文字に黒の縁取り

6 白い文字の可読性を高めるために半透明のベースを使用

7 背景によっては黒文字に白いエッジも読みやすい

→ Chapter

4-5 | BGMと ナレーション

動画にナレーションを入れることで、よりはっきりとメッセージを伝えることができます。また、BGMを入れることで動画を見やすくしたり、雰囲気やイメージを的確に伝えることができます。

　この節では、音についてのトピックをいくつか取り上げます。動画に、音楽やナレーションをつけることで、より明確にメッセージを伝えたり、「やさしい」「アクティブ」「おしゃれ」といった雰囲気も伝えられるようになります。

　逆に、あまり合わないBGMを入れてしまったり、BGMが大きすぎたりしてかえって聞きづらいものができ上がってしまう場合もあります。音楽の雰囲気やバランスは聞く人の主観に大きく左右されるので、作業している自分だけではなく、他の人にも聞いてもらって意見を聞くのもよいでしょう。

ナレーションの収録

　ナレーションの収録には、ICレコーダー（ボイスレコーダー）などを活用するとよいでしょう。スマートフォンのボイスメモアプリなども使えます。また、編集アプリによっては、編集時にナレーションを録音できる機能をもったものもあります。

静かな場所で

　騒音が少ない静かな場所で、ナレーションを読む人にレコーダーを向けて録音しましょう。このとき、レコーダーと口との距離をあまり離しすぎないようにしましょう。逆に口元にくっつくぐらい近い場合はマイクに息がかかって「ふかれ」というノイズが乗ってしまいます。20センチ程度を目安に、何度かテスト録音をして丁度よい距離を決めましょう 1 。

　静かな場所、といっても、トイレやお風呂場での収録は、不自然な反響があるので避けましょう。

明瞭に

　読み方の注意点はただひとつ「明瞭に」です。ぼそぼそつぶやくように読んではいけません。姿勢も大切です。原稿を読んでいるとうつむいてしまいがちですが、胸を張って、声をしっかり出すようにしましょう。

MEMO　　**ナレーションは撮影時に収録してしまってもよい**

　編集のあとにナレーションを録音するのではなく、撮影のときに、リポーターになったつもりで、自ら説明しながら撮影してしまう、という手もあります。撮影しながらナレーションをしゃべるわけです。基本的にカメラのすぐそばでしゃべるので音量レベルが不足する心配もありません。そうしておけば、収録時の説明を頼りに編集すればよいので、編集作業もわかりやすくなります。

1　**静かで反響の少ない部屋を選ぶ**

ナレーション収録

マイクの距離は、20センチ程度を目安に確認しながら決める

BGMを入れる

　音楽データを編集アプリに読み込めば、BGMを入れることができます 2 。ナレーションがなくても、BGMを入れることで多少退屈な動画でも飽きずに観てもらえるので、適宜BGMを活用しましょう。

著作権に注意！

　まず留意すべきことは「著作権」を侵害しないことです。著作権は世の中に存在するすべての音楽にあります。誰かが音楽を作ると、その作者の著作権が「自然に発生」するのです。

　この権利を守るのが著作権法です。使用してよいのは、下記の音楽です。

❶自分で作った音楽
❷知人などに作ってもらい、使用許可をもらった音楽。
❸作った本人や、その人の著作権管理組織（JASRACなど）
　に所定の使用料を払った音楽。
❹BGM用に販売されている音楽を（自分で）購入したもの
❺BGM用に「無料で配布」されている音楽。

　自分で代金を支払って購入したCDや有料でダウンロードした音楽であっても、その使用範囲は「購入者が自分で楽しむ」ことに限定されており、使えません。

　上記選択肢のうち、最後❺の選択肢が最も安価です。ネット上でいろいろ配布されているので、使用条件を確認した上で活用しましょう（著作者のクレジット表示が必要な場合もあります）。ただし、長期間使用するものについては、使用期間中に著作者や管理者のポリシーが変更される場合があるので、注意が必要です。

　また、YouTube上でも無料のBGM用の音楽が配布されていますので活用するのもよいでしょう 3 。商用利用も許可されていますので、YouTube配信する動画に使用できるフリー音源の中では、最も安全なライブラリーといえるでしょう（5-7参照）。

　❹の選択肢も最近はオンラインショップがたくさんあります。1曲数百円で購入できるサイトや、サブスクリプション形式のサービスもあります（2-5参照）。

2 「ビデオエディター」の「カスタムオーディオ」パネル (Windows 10)

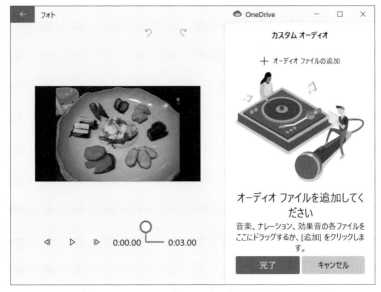

Windows 10では、標準インストールされている「フォト」アプリの「ビデオエディター」で、BGMやナレーション
を読み込める

3 YouTubeのオーディオライブラリー

無料で音楽が使える

BGMの選び方

　BGMを選ぶことを「選曲」といいます。さて、動画にBGMを入れようというとき、どんなふうに選曲したらよいのでしょうか。これには、大きく2つの考え方があります。

❶雰囲気やイメージに合わせる

「楽しい」「悲しい」「アクティブ」「静か」「真面目」「格調高い」など、動画のイメージや、シーンに写っている情景の雰囲気に合わせて曲を選ぶ考え方です。楽しいシーンで楽しい曲、賑やかなシーンではテンポのある元気な曲を選ぶ、など。これを応用して、特に特徴のないシーンに、楽しい曲を当てることで、「なにか楽しいシーン」にすることもできるでしょう。

❷意味に合わせる

「経済の話をしている」「最新情報を伝えている」「テーマはサイエンス」「日本の伝統的なもの」といった、そのシーンが意味している事柄や、伝えているテーマに沿って選ぶ考え方もあります。テレビ番組などにならって「それっぽい」曲を選びましょう。既存の音楽が持っている「文脈」や意味を引用する、という感覚です。

　上記2つの場合に共通しますが、動画のために選ぶ曲は「自分が好きな曲とは別物」であることに留意しましょう。BGMは、あくまで動画の価値を高くするため、補強するための材料なのです。

ナレーションとBGMのバランス

　ナレーションやインタビューコメントがBGMと一緒に聞こえているような場合、そのバランスが問題になります。基本的には、人の言葉がはっきり聞こえるように、BGMは控えめにしましょう。万が一BGMが聞こえないぐらいに小さかったとしても、ナレーションやコメントの邪魔になるよりははるかにマシです。

　一般的には、全体の音量が10としたら、ナレーションだけを鳴らして7、BGMだけ鳴らして3ぐらいが目安です。聴くスピーカーやヘッドホンによっても聞こえ方が変わるので、いろいろな方法で聞いてみましょう　4　。

　また、自分だけで判断せず、周りの人何人かに聞いてもらい、ちゃんとナレーションや、インタビューの言葉が聞こえているか、チェックしてもらうと安心です。

4 ナレーションがしっかり聞こえるバランス

音のバランスの目安

 **MEMO** 　**音量メーターの見方**

オーディオメーターの例

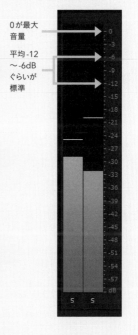

0が最大音量

平均-12〜-6dBぐらいが標準

　カメラや、編集アプリには、音声用のメーターがついているものがあります。

　よく見るとメーターの横に数字が書いてあります。一番上が0dBで、これが一番音が大きな状態。これを超えると音は割れてしまいます。

　デジタルオーディオの音声メーターは、この0からの距離、すなわち0からどれぐらい「小さいか」で判断します。

　YouTubeにアップロードする場合は、最大で0、平均で-12〜-6ぐらいに収まるようにするとよいでしょう。これは、ナレーションを録音するときも同様です。

　ナレーション＋BGMという構成の場合は、ナレーションの音量にBGMの音量がプラスされて全体として大きくなってしまうので、バランスを耳で聞きつつ、メーターが最大でも0を超えないように調整します。

4-6 ▶ トランジション

カットとカットのつなぎ目を装飾することを「トランジション」といいます。大きくシーンが変わる場面や、関連性の強いカット同士をより強く結びつける効果があります。

トランジションの基本は2種類

編集でカットとカットをそのままつなぐと、一瞬のうちに画面が切り替わります。編集アプリにある「トランジション効果」という機能を使うと、この画面の替わり目にいろいろな装飾を加えることができます。あまりやりすぎるとしつこい動画になってしまいますが、手軽にメリハリをつけたいときには役立ちます。

基本的なものは2つあります。編集アプリによっては膨大な数のトランジションが用意されていますが、ほとんどはこの2つのバリエーションと思ってよいでしょう。

①オーバーラップ

最も目にすることが多いトランジションだと思います。ドイツ風に「ディゾルブ」とも呼ばれます。

画面が徐々に交じり合うようにして入れ替わる効果です。オーバーラップにはカットカットの流れをスムーズにする効果があります。また、建物の外観と内部など、関連性の深いカット同士をオーバーラップを使ってつなぐと、より強い結びつきを表現することができます。逆に、大きく時間を省略したところで、このオーバーラップを使うと、時間経過をうまく表現できることもあります 1 。

②ワイプ

画面が割れたり、スライドしたりしながら次の画面が見えてくるトランジションです。

編集アプリにはいろいろなワイプが用意されています。ワイプは、「所変わって…」とか「さて、次の話題は？」のようにちょっと句読点を置きたいところに使うと効果的です 2 3 。

あまり使いすぎないようにしよう

　特に、画面が飛んでいったり、歪んで次のカットが現れたり、といった「派手」なトランジションは、連続して使うと視聴者が疲れてしまいます。

　必然性のないトランジションの連続は、見る人にストレスを与えてしまうのです。トランジションは使ってみると面白く、目先も変わるのでちょっとクセになる面もありますが、ぐっとこらえて使いすぎには注意しましょう。

トランジションを適用する際には「なぜここに、このトランジションが必要なのか」と必然性を問うことを心がけましょう。

1

オーバーラップ

2

ワイプ

3

3Dワイプ

4-7 映像の調整

編集アプリを使って、動画の色味や明るさを調整することができます。

編集アプリには、色調整や明るさ調整の機能があるものもあり、撮影のときの失敗をカバーしたり、印象的な画面作りに使えます。どんな色調整が可能かは、編集アプリによって異なります。スマートフォン用の編集アプリでは、プリセットを選ぶだけ、という簡易的な調整しかできない場合がほとんどですが、うまくハマるプリセットがあれば、とても手軽に調整ができます。

色調整の要素は、大きく、「明るさやコントラスト」に関するものと、「色」に関するものがあります。

明るさやコントラストを調整する

「明度」「コントラスト」といった、明るさに関する調整です。全体的に暗い映像を明るくしたり、なんとなくどんよりしてメリハリのない曇り空の風景を少しはっきりさせたりするような場合に使います。

明度

明度の調整は純粋に明るくしたり、暗くしたりの調整です。撮影時にちょっと暗く写ってしまったカットを明るく補正することで救うことができます。

暗い映像を明るくする補正は有効な場合が多いのですが、明るすぎるカットを正常な映像にするのはうまくいかない場合がほとんどです。撮影のときには、明るすぎるより、暗すぎる方が比較的安全です。

コントラスト

「コントラスト」を上げると、明るい部分と暗い部分の違いが増してはっきりした映像になります。逆に下げると、ソフトな印象になります。

レベル補正

もう少し高度な補正では「レベル補正」という調整もあります。画面の中の明るさを「シャドウ（影）」「ガンマ（中間の明るさ）」「ハイライト（明るい部分）」の3つに分け、それぞれを調整して好みの明るさ、コントラストを作り出します。

色を調整する

色の濃さを調整する

色の濃さは、「サチュレーション」や「彩度」と呼ばれます。色の鮮やかさの調整といってもよいでしょう。食べ物の色を強調して美味しそうに見せたい、花の色を際立たせたい、という場合にはこの調整を行います。また、逆に色味を抑えてモノクロにすることもできます。

色味を調整する

夕日の場面を全体的に赤くする、晴天の海岸のシーンを全体的に青くする、など色調を変える補正です。人の心理には「記憶色」というものが組み込まれています。夕方はなんとなく赤っぽく、電球のともった室内も赤みを帯び、晴天の見晴らしのよい風景はなんとなく青っぽく、緑色っぽいイメージではちょっと異常で不気味な印象が生まれます。色味を調整することでこういった記憶色を演出に取り入れることもできます。

また、撮影のときにホワイトバランスを間違えてしまい、不自然な色になった、といったときにも、この調整で補正できます。

明るく補正

元画像

Adobe社
PremiereRushの
色調整ツール

暗く補正

4-8 静止画を使う

動画の素材はビデオカメラで撮影したものにとどまりません。写真やイラストなどの静止画も動画素材として使えます。

静止画を使う上でのポイント

動画だからといって、すべてをビデオカメラで撮影して編集する必要はありません。写真やイラストのような静止画も動画の一要素として使えます。場合によっては、静止画のみで動画を構成してしまうこともできます。動画の中に静止画を使うときのポイントを見ていきましょう。

解像度に注目

普通にハイビジョン撮影した動画は「横1920×縦1080ピクセル」という解像度を持っています。一方、一般的なデジタルカメラで撮影した写真は、(カメラの設定によりますが)横3500ピクセル以上あります。つまりそれだけ大きいのです。この大きさを活かして、自由にトリミングして、見せたい場所だけ見せることができます。

また、写真にズームインしたり、写真を拡大してスクロールしながら見せてい

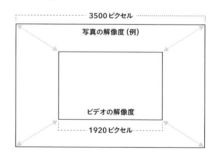

1 デジタルカメラの写真と動画のサイズの比較。写真のほうがサイズが大きいので拡大縮小できる

く、といったシンプルなアニメーションにすることも可能で、意外に表現力のある動画を作成できます。逆に「横1920×縦1080ピクセル」よりも小さい画像を使うと、拡大してしまうことになり、画像がぼやけてしまいます。「横1920×縦1080ピクセル」と同等か、大きなサイズの静止画を用意するようにしましょう 1 。

トランジションを上手に使う

　静止画は止まっているので、そのままつないだだけでは単調になりがちです。それぞれの静止画をオーバーラップなどのシンプルなトランジションでつなぐと、単調さをカバーすることができます（4-6参照）。

少しずつ動かしておく

　静止画を動画の中で使うコツのひとつに「少しずつ動かしておく」というワザがあります。静止画はそもそも止まっているため、しばらく見ていると緊張感がなくなってしまうのです。意味合いとしては止まっていてOKな写真でも、少しずつスクロールしたり、わかるかわからないかのスピードでじっくりズームしたり、といった演出を加えることで動画ならではの表現になります 2 3 。

2 写真をスクロールすると緊張感が持続する

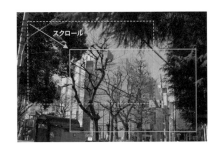

3 「ビデオエディター」搭載の「モーション」機能（Windows 10）

プリセットを使って静止画をスクロールすることができ、簡単にスライドショームービーを作ることができる

MEMO　プレゼンテーションソフトのスライドを組み込む

　教育目的や何かを説明する動画の場合、MicrosoftのPowerPointなどのプレゼンテーションソフトで作ったスライドを使いたい場合があります。これには、プレゼンテーションソフトの、スライドを画像で書き出す機能を使い、JPEGなどの一般的な画像形式で書き出します。

コラム

合成の仕組み

　例えば、天気予報士が地図の上に合成されて天気予報を伝えるなど、何かの背景の上に人物などを合成したり、画面の隅に子画面が乗っていてその中で出演者がリアクションをしていたり、2つの要素を同時に見せる演出があります。「合成」と呼ばれる手法です。YouTubeの動画でもよく見かけるものですが、これはどういう仕組みになっているのでしょうか?

クロマキー合成

　地図の上の天気予報士がこの手法で合成されたものです。クロマキー合成は、被写体を均一な「色」を背景にして撮影し、その背景の色を、編集アプリ上で透明にします　1　。一般的には、グリーンもしくは、ブルーの背景を使います。人の肌の色となるべく離れた色味にすると、きれいに合成できるからです。

子画面の合成 (ピクチャ・イン・ピクチャ)

　画面に子画面を乗せる手法です。編集アプリ上で、子画面にするカットを縮小して、背景の上に合成します。ピクチャ・イン・ピクチャ (P IN P) とも呼ばれます　2　。

一般的な編集アプリでも可能なものもある

　かつて、このような合成はプロ用の高機能な編集アプリでしか実現できないものでしたが、最近では、安価な (もしくは無料の) 編集アプリにも合成の機能を持つものが現れていて、手軽に試せるようになりました。このあとのページでも、クロマキー合成や子画面合成が可能なアプリをいくつか紹介しています。

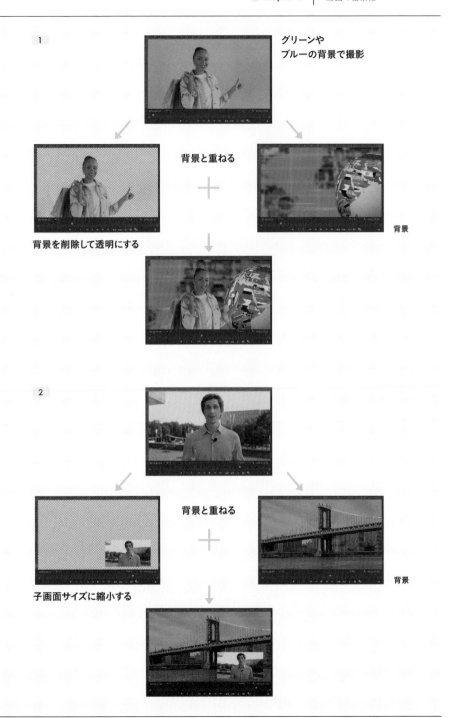

1

グリーンや
ブルーの背景で撮影

背景と重ねる

背景を削除して透明にする

背景

2

背景と重ねる

子画面サイズに縮小する

背景

→ Chapter

4 - 9 ▶ 動画の書き出し

編集が終わったら、いよいよ動画を書き出して完成です。

動画編集の最終工程

　編集アプリで編集した動画は、実はまだバラバラの状態です。編集アプリは、ある動画のここからここまでを、この順番で再生する、といった「再生の情報」を編集しているにすぎません。これを最終的な一本の動画にする必要があります。編集アプリのメニューを見ると「書き出し」「共有」「ムービーの保存」といった機能があります。これが編集結果を一本の動画にする機能です。

プリセットを活用しよう

　編集アプリによって様々なプリセットが用意されています 1 。

　サイズや用途によるものや、動画を見るデバイスごとにプリセットを提供しているソフトもあります。ほとんどの編集アプリで「推奨設定」もしくは「デフォルト設定」が用意されているので、まずはそれを選んで書き出してみましょう。

1 「ビデオエディター」の書き出しプリセット（Windows 10）

3種類から選べる

書き出しプリセットの設定項目

　書き出しプリセットは、様々な映像設定をセットにしたものです。何を設定しているのか、主な設定項目を見ておきましょう。これを頭に入れておくと、自分で独自の設定をしたい場合に役立ちます。

ファイル形式 (コンテナ形式) とコーデック

ファイル形式は、動画ファイルの種類、コーデックは、圧縮方式のこと。この2つで動画ファイルの基本的な性質が決まります (基礎知識-2, 3, 4参照)。

解像度

解像度は、動画の大きさ (面積) と縦横比の設定。高さが1080ピクセルでハイビジョンサイズです (基礎知識-6参照)。

フレームレート

テレビ番組や、ビデオカメラで撮影した動画は、1秒間に約30枚の静止画を連続的に再生して動画として見せています。この1秒間に何枚の静止画を再生するか、という設定がフレームレート。書き出しのプリセットによっては、1秒間に15フレームなどのフレームレートにして容量を節約する場合があります (基礎知識-7参照)。

ビットレート

これは、動画の品質を決める重要なファクター。1秒間にどれぐらいのデータ量で動画を再生するかを決めています。これを小さくするとファイルサイズは小さくなりますが、映像品質は落ちていきます (基礎知識-5参照)。

MEMO **YouTube用にはなるべく高画質なプリセットで**

YouTubeにアップする前提の動画の場合は、なるべく高画質なプリセットを選択しましょう。アプリによってはYouTube用のプリセットが用意されている場合もあります。

YouTubeにアップするとYouTube側で配信用のフォーマットに変換されますが、その際、元の動画の画質が良ければ良いほど画質の良い配信動画ができます。

4-10 | 編集アプリの選び方

Windows PC、Mac、iOSデバイス、Androidデバイス、それぞれの環境用に様々な編集アプリが存在します。

　かつて、ビデオ編集のアプリケーションソフトは、高価で使い方も難しいものの代表でした。しかし、現在ではスマートフォンの普及によって動画制作が一般的になったこともあり、とても手軽で、入手しやすいものになりました。使用環境に合ったアプリをいろいろ試してみて肌に合うものを探しましょう。

環境別のメリット・デメリット

　編集は大きく、PC（パソコン）を使う場合とスマートフォンやタブレットを使う場合に分かれます。

PCを使う

　大きな画面で確認しながら編集できるため、ミスも少なく、PCを使い慣れた人には良い選択肢です。PC用の編集アプリは比較的凝ったことができたり、細かい調整が可能なものもあります。編集のクオリティを高めたいなら、PCで編集した方がよいでしょう。

スマートフォンやタブレットを使う

　動画を編集しようと思っているデバイスで、そもそも撮影もしているような場合は、この選択肢もアリでしょう。撮影から編集、YouTubeへのアップロードまでひとつのハードウェアでこなせるので、あれこれガジェットをそろえる必要もありません。ただ、スマートフォンやタブレット用の編集アプリは細かいことはできません。しかし、それも考え方次第で、割り切りがしやすく、作業効率が高まるともいえます。

編集アプリの様々な選択肢

編集アプリには様々なものがありますが、大きく、下記のような選択肢が考えられます。

OS付属の編集アプリ

Windowsでも、Macでも、あらかじめOSにプリインストールされている編集アプリがあります。費用もかからず、動作も保証もされているので安心です。

Windows 10環境には「ビデオエディター」がプリインストールされています（実際には写真の管理などを行う「フォト」というアプリの動画編集機能）。機能はかなり限定的ですが、まず手始めに編集をしてみるにはよいでしょう。

MacOSには「iMovie」が付属しています。プリインストールされていない場合でもApp Storeから無償でダウンロード可能です。プリインストールアプリといっても、かなり応用が利く機能が搭載されているので、当面、これだけでもなんとかなります。MacOS版の他、iOS版もあり、iPhoneやiPadでも使用可能です。

Adobeの編集アプリ

Adobeは、プロ用の編集環境としてデファクトスタンダードとなっている、Adobe Premiere Proのメーカーです。Premiere Proの簡易版のような位置づけで、Premiere Rushという有料アプリがリリースされています。Windows、Mac、iOS、Androidで使えるマルチプラットフォームなので例えば、Windowsユーザーで、スマートフォンはiPhone、という場合でも安心して使えるでしょう。Adobe製の編集アプリはユーザーも数多く、ネット上のハウツー情報も豊富に存在するため、安心して使用できます。また、Adobeのアプリを選んでおけば、ゆくゆくプロ用のPremiere Proにステップアップした場合でも、編集資産を有効利用できます。

その他のメーカーのアプリ

Adobe以外でも、Blackmagic Designや、CyberLinkなどから様々なアプリがリリースされています。中には高機能の上、フリーで使用できるものもあります。

4-11 ▶ 代表的な編集アプリ

ここでは、人気が高くユーザーも多い編集アプリをいくつかご紹介します。

ビデオエディター（フォト）（Windows用）

　Windows 10に標準でプリインストースされている編集アプリです。スタートメニューには「ビデオエディター」という名前で登録されていますが、実態は「フォト」という、写真の管理アプリのビデオ編集機能です。

カード型のインターフェイス

　編集は、カード型に表示された動画素材を、ストーリーボードというインターフェイスに、順番に並べていくことで行います。ストーリーボード上で入れ替えも行えます。

ビデオエディターでできること

　機能はかなりシンプルです。

動画のトリミング／分割	○
テロップ入れ	○
色や明るさの調整	
トランジション	
速度の変更	○
ナレーションやBGMの挿入	○
音量の調整	○
静止画のアニメーション	○
子画面の合成	
クロマキー合成	

ビデオエディターで編集中の画面。
左上のパネルに素材を登録し、下の
パネルで編集する

動画をトリミング中。画面下のバーを
使って「使いはじめ」と「使い終わり」
を指定

テロップの挿入。フォントやサイズは
右側のパネルからプリセットを選択。
意外に実用的なものがそろっている

サウンドの挿入。BGMやナレーショ
ンを読み込むことができる

今回ご紹介するものの中では最も機能の少ないアプリですが、基本的な動画編集には十分対応できます。Windowsユーザーにとっては最も敷居の低い選択肢です。

詳しくは以下を参照ください。

https://www.microsoft.com/ja-jp/windows/photo-movie-editor

iMovie（MacOS・iOS用）

MacOSに標準でプリインストールされているAppleの編集アプリです。Mac版の他、iOS版も用意されています。

タイムラインを持った標準的なインターフェイス

編集は、タイムラインと呼ばれるインターフェイスに、帯のような形で素材を置いていくことで行います。これは、カットの長さと順番をひと目で確認できるもので、ビデオ編集アプリのほとんどは、このインターフェイスを備えています。iMovieでタイムラインの使い方に慣れれば、より高機能な編集アプリへの乗り換えもスムーズにいくでしょう。

iMovie（MacOS版）でできること

ビデオ編集に必要な機能は、一通り備えています。

動画のトリミング／分割	◯
テロップ入れ	◯
色や明るさの調整	◯
トランジション	◯
速度の変更	◯
ナレーションやBGMの挿入	◯
音量の調整	◯
静止画のアニメーション	◯
子画面の合成	◯
クロマキー合成	◯

およそ、動画の編集に必要な機能は、一通りそろっているので、Mac・iOSユーザーなら、しばらくはこれ一本で大丈夫でしょう。なお、iOS版は色調整など一部の機能に制限があります。

詳しくは下記を参照ください。

https://www.apple.com/jp/imovie/

iMovieで編集中の画面。左上のパネルに素材を登録し、下のタイムラインで編集する

iMovieのテロップ編集画面。プリセットから選択し、カスタマイズしていく

iMovieでは、アプリ内の機能でナレーションの録音もできる

iOS版のiMovieのインターフェイス。iPhoneで撮影しながら編集することもできる

Adobe Premiere Rush（Windows・MacOS・iOS・Android用）

　Adobeのビデオ編集アプリです。プロ用編集アプリのAdobe Premiere Proと
データ互換性があります。Windows、Mac、iOS、Androidとクロスプラットフォー
ムで使えます。ただし、使用できるOSのバージョンや、デバイスの種類に制約が
あるので、事前にチェックしましょう。

　使用にあたっても、いくつかのプランがあり、無償版はモバイル環境では制限が
ないものの、デスクトップ環境では、動画の書き出しは3つのプロジェクトに制限
されています。制限を外すには、月額980円のサブスクリプションを契約します。

とりあえず全部入り

　前述のiMovieと同じように、タイムラインを持った標準的なインターフェイスで
す。iMovieと同様、とりあえず動画編集で必要になりそうな機能は一通りそろって
います。iMovieとの違いは、クロマキー合成ができないことぐらいでしょうか。

Premiere Rushでできること

動画のトリミング／分割	○
テロップ入れ	○
色や明るさの調整	○
トランジション	○
速度の変更	○
ナレーションやBGMの挿入	○
音量の調整	○
静止画のアニメーション	○
子画面の合成	○
クロマキー合成	

　Premiere Rushの魅力は、使い方が簡便ながら、前述の基本機能が充実していて、
柔軟性が高い、というところでしょう。また、モバイル版とデスクトップ版で同じ
機能を使えるのも便利です。

　詳しくは下記を参照ください

https://www.adobe.com/jp/products/premiere-rush.html

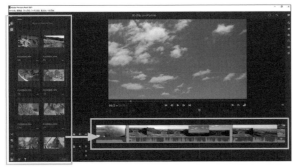

Premiere Rushで編集中の画面。
左のパネルに素材を登録し、下のタ
イムラインで編集する

Premiere Rushのトリミング。トリミ
ング中の映像と直後の映像を見比べ
ながら作業できる

Premiere Rushのタイトル挿入。プ
リセットから選択し、右側のパネル
でカスタマイズしていく

Premiere Rushで色調整中。画面
右のパネルにあるスライダーで詳細に
調整できる

DaVinci Resolve (Windows 10・MacOS・Linux用)

ダヴィンチ・レゾルブ

激安デジタルシネカメラの発売で、一時業界を騒然とさせた Blackmagic Design が提供する編集アプリです。もともと、ハリウッドで標準的に使われていた、カラーグレーティングシステムでした。撮影した映像の色調などを調整していわゆる「ルック」を作り出すシステムです。Blackmagic Design がこのシステムを買収し、ソフトウェア化して販売を始めたのです。そして、バージョンを重ねるうち、本格的な映像編集アプリに進化しました。有償版と機能が限定された無償版があります。OS は、Windows 10、Mac OS、Linux にも対応しています。

これが無料とは……

とにかく、これ、ホントに無料でいいんですか？と思える高機能＆多機能なアプリ。これひとつで動画編集にまつわるほぼすべてが処理可能です。有償版は加えて映画製作のプロ向けの機能が追加されます。

DaVinci Resolve でできること

動画のトリミング／分割	○
テロップ入れ	○
色や明るさの調整	○
トランジション	○
速度の変更	○
ナレーションや BGM の挿入	○
音量の調整	○
静止画のアニメーション	○
子画面の合成	○
クロマキー合成	○

編集、色調整、合成、アニメーションなど、ほとんどのことができます。Adobe でいえば、映像編集の Premiere Pro と合成処理の After Effects、そして音響編集の Audition を合わせたような高機能アプリです。

その代わり、使用方法は手軽とはいきません。特に生まれて初めて動画編集アプリを触る方にとっては、かなり敷居が高いといえます。しかし、ともかく無料ですので、編集に懲りたいという方は一度ダウンロードして挑戦してみてください。

詳しくは下記をご参照ください。

https://www.blackmagicdesign.com/jp/products/davinciresolve/

DaVinci Resolveで編集中の画面。
左のパネルに素材を登録し、下のタ
イムラインで編集する

DaVinci Resolveのテロップ編集。
右側のパネルを使って自由度の高い
テロップが作成できる

DaVinci Resolveで色調整。「ノード」
というインターフェイスを使って作業す
る

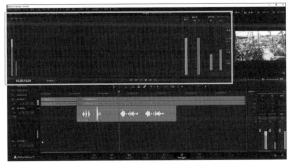

DaVinci Resolveの音響編集画面。
本格的なミキサー機能を持っている

コラム

プロには作れない動画を作ろう

プロに頼んでもできない動画がある

本書で扱う動画は、皆さんが普段ホームビデオとしてお子さんやパートナー、ペットに向けているデジタルスチールカメラやスマートフォン、ビデオカメラのレンズをそのまま「仕事」に向けて作る動画です。そのような動画は、実はプロに外注しても作ることはできません。

仕事の内容、製品の良さ、従業員のスキル、経営者のキャラクターなどを誰よりも熟知しているのは皆さん自身だからです。

「役に立つ＝面白い」という法則

「動画を作る」というと、何か「面白い」「目立つ」「奇抜」なことをしなくてはいけないのではないか？と思い込んでいる人がいます。でも、それは大きな間違いです。テレビ番組ならチャンネル間の競争があるので、そのような「演出」も求められていますが、これから作るあなたの動画はYouTubeで配信する動画です。

YouTubeで動画を探している人は、多くの場合何か困っています。「あれのやり方は？」「これをするには何を用意すれば？」「もっと便利な方法は？」このような視聴者の疑問に、専門家の立場から答えてあげることで、視聴者は「いい動画だった」「面白かった」と感じてくれるのです。その気持ちがそのまま動画を使ったブランディングのエンジンになります。気負わずに専門知識を配信しましょう。

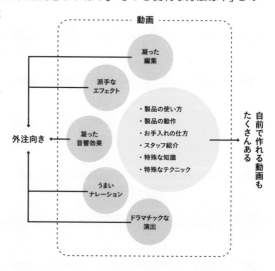

→ Chapter

5

動画の
配信術

5-1 | 動画の配信手順

動画が完成したら、いよいよYouTubeにアップロードして配信です。Chapter5では、YouTubeで動画を配信する手順を解説していきます。

YouTube動画配信までの流れ

　YouTubeは、GoogleのWebサービスの一部です。YouTubeを使うためにはGoogleアカウントが必要です。

　すでにGmailなどのGoogleのサービスを使っている方はそのアカウントで運用できますが、できれば、プライベートなアカウントとは別に取得するほうがよいでしょう。あとでプライベートと分けたい、となった場合、URLが変わってしまう上、それまで登録した動画の引っ越しが必要になってしまいます。

> **MEMO**　**同じURLで動画の置き換えはできない**
>
> 　YouTubeでは、動画がアップロードされる度に一意のURLが割り振られます。例えば一旦アップロードした動画に変更が生じた場合、同じURLで再度アップロードできれば便利なのですが、それはできません。しかし、アップロードされた動画の一部を削除することだけはYouTubeの編集機能で可能です (5-7参照)。

どこで見られても再生数にカウントされる

YouTubeの動画は、SNSやブログ、HP上で配信することができます。ネット上のどこで視聴されても、再生数としてカウントされます。

YouTube動画の配信手順は次の通りです。

YouTube動画の配信手順

5-2 ▶ チャンネルを作る

YouTubeにログインして、動画の配信を準備しましょう。YouTubeから動画を配信するには、まず「チャンネル」を作る必要があります。

チャンネルとは？

　チャンネルは、YouTube内のあなたのホームページであり、動画のライブラリーです。ここに動画をアップロードすることで、動画配信が可能になります。ちょっとややこしいですが、YouTube内ではチャンネルのことを「アカウント」とも呼んでいます。チャンネルには、それぞれ独自のURLが発行されます。

> **MEMO**　　**複数のチャンネルが運用可能**
>
> 　ひとつのGoogleアカウントで複数のチャンネルを作成し、平行して運用することも可能です。例えば、製品のPRをするチャンネルと、製品の動画マニュアルを集めた顧客サポート用のチャンネルを分ける等の運用が可能です。

YouTubチャンネルを作る手順

　架空のお店のチャンネルを作りながら手順を見ていきます。

YouTubeにログインする

　YouTubeのTOPページ (https://www.youtube.com/) にアクセスし、ページ右上にある「ログイン」ボタンをクリックします。すでにGoogleアカウントにログインした状態であれば、すぐにログインできます。ログアウトしていれば、パスワードを求められます。アカウントの状態によっては携帯電話番号を求められる場合もあるので、画面の指示に従ってログインしましょう。

チャンネルを作る

　YouTube にログインしたら、右上のユーザーアイコンをクリックし、メニューから「チャンネルを作成」を選択します 1 。するとチャンネルの名称を選択するパネルが表示されます 2 。入力したら「チャンネルを作成」ボタンをクリックします。「チャンネルを作成しました」というお知らせが表示され、作成されたチャンネルが表示されます 3 。チャンネル名は Google アカウントの登録名になりますが、これはあとでお店の名前などに変更できます。

1

2

3　最初の動画をアップロードするまでは「動画をアップロードしてください」というメッセージが表示される

チャンネルの設定を行う（基本の設定）

　チャンネルができ上がると、すぐにでも動画を配信できます。が、早めにやっておいた方がよい設定がいくつかあります。あと回しでもかまいませんが、面倒になる前に設定してしまいましょう

　まず、ユーザーアイコンをクリックして表示されるメニューから「YouTube Studio」を選択します　1　。このYouTube Studioは、チャンネル内の動画の管理や設定の変更など、ことあるごとにアクセスする画面になります。

　YouTube Studioが開いたら、画面左下あたりにある「設定」ボタンをクリックしましょう　2　。すると、設定パネルが表示されます。タブに分かれた設定項目が並んでいますが、全部を今設定する必要はありません。取り急ぎやっておきたいのが、チャンネルタブの基本情報です　3　。「居住国」の設定と、チャンネルを検索してもらうためのキーワードの入力です。ビジネスに関連の深いキーワードを複数設定します。

　次に、チャンネル名の変更（必要がある場合）とチャンネルの説明の入力です。

　画面左にある「カスタマイズ」ボタンをクリックし　4　、「基本情報」タブを開きます　5　。

　このタブで、チャンネル名、説明、連絡先のメールアドレスを入力します　6　。終わったら、右上の「公開」ボタンを押すとチャンネルに反映されます　7　。

「チャンネルを表示」ボタンをクリックすると、別のタブで設定済みのチャンネルが表示されます　8　。チャンネル名も変更できているはずです。

1

2

＊キャプチャ画面に表示されているチャンネル名などは架空のものです

3

5-3 | 動画をアップロードする

チャンネルの準備が整ったら、さっそく動画をアップロードしましょう。

動画のアップロード手順

最初の動画をアップロードする

　まだ1本も動画を配信していないチャンネルには、画面中央に「動画をアップロード」ボタンが表示されています **1** 。ここからアップロードしてみましょう。

　ボタンを押すと、動画のアップロード用のパネルが表示されます。ここに動画をドラッグ＆ドロップするか、「ファイルを選択」ボタンから動画を選択します **2** 。

アップロードしつつ「タイトル」「説明文」を入力

　すると、アップロードの進行を示すパネルが表示されます。ここで、動画の「タイトル」や「説明文」を入力します **3** 。

「タイトル」には、動画のファイル名が入っていますが、自由に書き換えることができます。

　説明文は動画の内容がわかりやすいように、具体的に記載しましょう。URLを記載するとクリックできるリンクになります。HPやECサイトのURLを入れて活用しましょう（5-5参照）。

サムネイル画像を選ぶ

　画面中央には、YouTube側で自動的にキャプチャしたサムネイル画像の候補が3つ表示されています。その中から最もふさわしいものをクリックして選択します **4** 。

　最後に、動画が子ども向けか、子ども向けではないかの申請をラジオボタンで行います。あえて子ども向けに制作したものでなければ「いいえ、子ども向けではありません」を選択しましょう **5** 。

　ここまで来たら「次へ」ボタンをクリックします **6** 。

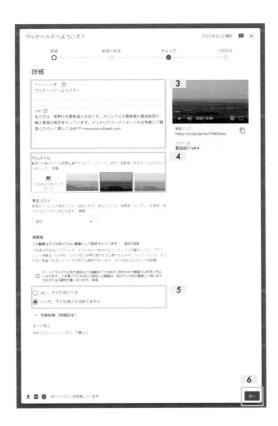

動画に「終了画面」や「カード」といった付加的要素を追加するパネルが表示されます 7 。これは、必要に応じてあとからゆっくり追加できますので、ここではスキップしましょう。そのまま「次へ」ボタンをクリックします 8 。

「チェック」というパネルが表示されます 9 。これは著作権を侵害するような音楽などが収録されていないか、チェック結果の表示です。確認したら、「次へ」ボタンを押します 10 。

公開設定を確認

　公開設定を行うパネルが表示されます 11 。そのまま公開する場合は「公開」をチェックします 12 。最後に「公開」ボタンをクリックします 13 。ちなみに公開設定で「非公開」にすると自分とメールで招待した人のみが視聴でき、「限定公開」の場合は動画のURLを知っている人のみが視聴できます。

　公開されると、動画のURLをSNSなどで共有するためのパネルが表示されます 14 。これもあとからできるので、「閉じる」をクリックして、公開作業を終了します 15 。

　画面が、YouTubesStudioに戻ります。動画が無事アップロードされているのを確認しましょう 16 。

　ユーザーアイコンから「チャンネル」を選択し、チャンネルを見にいってみましょう。無事に動画が配信されています。サムネイルをクリックすると 17 、動画が視聴できます 18 。

　2回目以降のアップロードはユーザーアイコンの近くにあるカメラの形をした「作成」ボタンをクリックし 19 、メニューから「動画をアップロード」を選択します 20 。

7

9

11

12

13

14

15

16

17

18

19

20

動画をアップロード

ライブ配信を開始

5-4 | チャンネルの 見た目を整える

でき上がったばかりのチャンネルはビジュアルの設定が何も行われていないので、さみしい見た目です。これをYouTubeチャンネルらしく改造していきましょう。

　ログインした状態で自分のチャンネルを表示すると、ヘッダ部分にいくつかクリックできるボタンがあります。これを使ってカスタマイズしていきます。

プロフィール画像とバナー画像を登録する

プロフィール画像を登録する

　まず、プロフィール画像を登録しましょう。これはユーザーアイコンなどに表示されます。

　ヘッダの左上のユーザーアイコンをクリックすると　1　、YouTube Studioのカスタマイズタブに遷移します　2　。

「写真」の項目のところに「アップロード」というリンクがあるのでクリックします　3　。すると画像を選択するウインドウが開きます　4　。

　写真は円形に切り取られるので、画像はその前提で準備しましょう。ファイルサイズ最大5MのJPEGかPNG形式のものを用意します。

　写真を選択すると、トリミングの設定画面が表示されます　5　。写真に青い枠が表示されているのでそれをドラッグして調整します。

MEMO　　**プロフィール画像の考え方**

　プロフィール画像は、アカウントやチャンネルの「顔」です。商品やサービスを象徴する画像や、社名ロゴなどを使うのが一般的です。表示が小さいのでなるべくシンプルなものがよいでしょう。

最後に「完了」ボタンをクリックししてYouTube Studioに戻ります 6 。
「公開」ボタンをクリックします 7 。

無事にプロフィール画像が登録されました 8 。

1

2

4

5

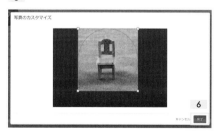

8

バナー画像を登録する

次は、チャンネルのヘッダ部分に表示されるバナー画像を登録しましょう。

バナーの公式な推奨形式は以下のようになっています。この規格に沿った画像を用意しましょう。沿っていないと、変なところが見切れてしまったり、見せたい部分が上手く収まらなくなったりする場合があります。

- **最小アスペクト比：16:9**
- **最小サイズ：2048 × 1152 ピクセル**
- **6MB 以下**

YouTube Studio の同じページにある「バナー画像」の項目にも「アップロード」ボタンがあるのでクリックします **1** 。プロフィール画像のときと同じく、画像を選択するウインドウが開きます **2** 。画像を選択すると、トリミングの設定画面が表示されます **3** 。

写真の上に表示されている青い枠をドラッグして、見せたい部分が確実に表示されるように調整しましょう。デバイスによって表示される範囲が異なります。「すべてのデバイス」の枠内に最も見せたい部分が来るようにしておけばよいでしょう。調整が終わったら「完了」ボタンをクリックして YouTube Studio に戻ります **4** 。

最後に画面右上の「公開」ボタンをクリックします **5** 。「チャンネルを表示」ボタンをクリックしてチャンネルを確認しましょう **6** 。これで最低限の見た目が整いました **7** 。

2

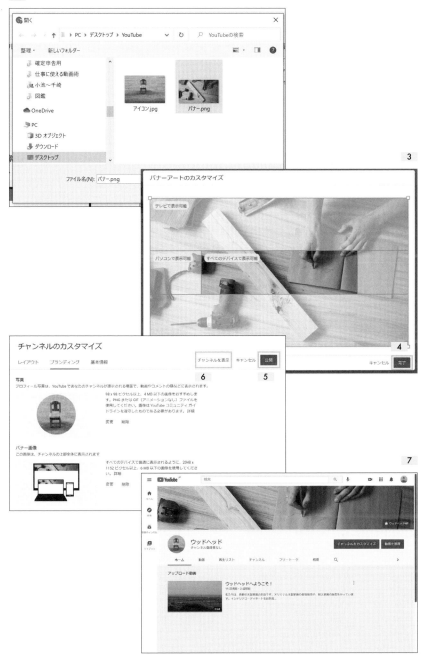

187

5-5 ▶ メタ情報を整える

Googleなどネットの検索エンジンは、動画の内容を直接把握することはできません。動画を検索してもらいやすくするには、動画にテキスト情報を付加する必要があります。

4種類の「メタ情報」に注目

YouTube上で動画に付加される文字情報は「メタ情報」と呼ばれています。メタ情報には大きく以下の4種類があります。

- **タイトル**
- **説明文**
- **ハッシュタグ**
- **タグ (ハッシュタグとは別)**

これらを調整し、不足しているものは入力していきましょう。

タイトルを改良する

まず、ユーザーアイコンをクリックしてYouTube Studioに移動しましょう。YouTube Studioが開いたら「コンテンツ」タブを開きます 1 。動画がリスト表示されているので、目的の動画の鉛筆アイコンをクリックして 2 編集画面を開きます 3 。

タイトルに検索キーワードを入れる

タイトルを、検索して欲しいキーワードが含まれるように改良しましょう。このチャンネルは「ウッドヘッド」という店名の木製家具のお店という設定で、動画の中ではお店の商品を紹介している想定です。したがって、動画を見て欲しい視聴者は「木製家具を探している人」ということになります。現状は「ウッドヘッドへようこそ!」となっていますが、これでは「木製家具」も「お店」も含まれていません。「家具専門店」とか「木製家具 購入」のようなキーワードで検索してもヒットしないで

しょう。そこで下記のようにあらためました 4 。

「木製家具の専門店 ウッドヘッドです！自慢のオリジナル家具や素敵な輸入家具をぜひご覧下さい」

　こうしておけば、店名で検索している人の他、木製家具を探している人や木製家具のお店を探している人にも検索されやすくなります。

　文字数は100文字まで入力できます。ただし、キーワードはあくまで「自然な感じ」で盛り込むことを意識しましょう。

3

4

説明文を改良する

　次に説明文を改良します。ここには最大5000字入力できるので、かなり自由度が高くなります。

　また、この中にURLを記載するとそのままハイパーリンクになるのでぜひ活用しましょう。

　5000字書けるといっても、動画の配信画面で表示されるのは、最初の3行、140文字前後です。それ以上の文字情報は「続きを読む」をクリックされなければ表示されません。

　説明文は「何もしなくても表示される頭の3行」と、「続きを読む」をクリックして表示される「残りの情報」の2つに分けて考えるとよいでしょう。

最初の3行

　これは動画の下に自動的に表示されるので、説明文の「コア」の部分です。動画の内容やアピールを完結に述べ、商品やお店などのURLを記載してリンクもクリックしやすくしましょう。例として挙げている動画では、最初の3行に情報はうまく収まっているようです **1** 。お店の場所、商品やサービスの概要、ホームページのURLも3行の中に入っています。

残りの情報

「もっと読む」をクリックしてくれる人は「もっと詳しく知りたい」人です。ややマニアックな人、といってもいいでしょう。その期待にお応えできるよう付加的な情報を書いておきます **2** 。

　例えば、店主の人柄や事業のコンセプトが伝わる「メッセージ」や製品のスペックや原材料などの「詳しい情報」、製品の使い方のヒントなど「ハウツー情報」また、製品購入や使用にあたっての「注意点」など。

　YouTubeの他にHPやSNS、ブログを運用している場合にはそのURLを記載するのもよいでしょう。

ハッシュタグを挿入する

説明文の中には「#●●」というハッシュタグを含めることができます 1 。

これを書き込んでおくとタイトルの上に表示されます 2 。

ハッシュタグの機能はTwitterやInstagramなどと同じで、視聴者がハッシュタグをクリックすることで共通のハッシュタグがついた動画だけを一覧できます 3 。

商品やお店、サービスに関連性の深い、そして人気の高いハッシュタグを選びましょう。

また、動画の本数がたくさんあり、シリーズ展開しているような場合には、ブランド名やシリーズ名を入れた独自のハッシュタグを入れておくと、視聴者のユーザビリティが高まります。

ハッシュタグは15個まで使えますが、タイトル上に表示されるのは、先頭から3つまでです。

ハッシュタグ挿入のポイント

ハッシュタグを入れる上では下記のような注意点があります。

・#は必ず半角文字を使う

ハッシュタグを表す「#」は半角文字を使います。

・大量なハッシュタグはNG

一本の動画に多量のハッシュタグを挿入するのは、禁止されています。YouTubeの公式ヘルプによると、60個を超えるとすべてのハッシュタグが無視されるようです。

・動画に関連の深い語句を使う

まったく関連性のないハッシュタグを使用すると、動画削除の対象になる場合があります。

・差別的な語句を使わない

その他、嫌がらせや差別的な語句などの使用は動画削除の対象になる場合があります。

オリジナルのダイニングセット、ソファ、チェストを撮影しましたので、ぜひご覧下さい。

お気に入りがみつかりましたら、下記ショップでオーダー承ります。

よろしくお願い申し上げます。

ウッドヘッド通販サイト→www.woodhead.tuuhan.com

Instagram→https://www.instagram.com/woodhead/

1

#ウッドヘッド　#木製家具　#インテリア　#長野

476/5000

2

#ウッドヘッド #木製家具 #インテリア

木製家具の専門店 ウッドヘッドです！

い

3

タグを挿入する

　YouTubeの動画には、検索キーとしてタグを付加することができます。適切なタグを登録することで動画が検索されやすくなります。

　YouTube Studioの編集画面をスクロールしていくと「すべて表示」というリンクがあります。これをクリックすると、タグを埋め込む画面が表示されます　1　。「タグを追加」欄に動画やブランドに関連するキーワードを入力します　2　。

　これを適切に入力することで、検索されやすくなると同時に、他の同様のテーマの動画が視聴されているときに「関連動画」としてレコメンドされる可能性が高まります。

　タグの数ですが、あまりにたくさんのタグを盛り込んでしまうとYouTubeからスパム認定されてしまう可能性があります。一般的には数個、多くても20個を超えない範囲がよいといわれています。

MEMO　　ひとつのタグに複数のワードを入れる

　タグには、複数のワードを含めることができます。その場合は下記のようにワードとワードの間にスペースを挿入します。

「木製家具　輸入販売」
「家具　北欧　木製」
「家具　修理」

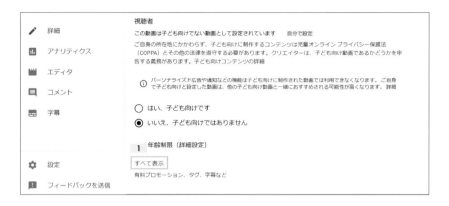

「ハッシュタグ」と「タグ」の違い

　同じ「タグ」という名前がついているのでややこしいのですが、この2つには大きな違いがあります。ハッシュタグはユーザーみんなが使える便利な機能なのに対し、タグはユーザーには見えません。あくまでYouTubeに、動画の内容を知らせる内部的な機能です。

　YouTubeの公式ヘルプによると、再生数や検索結果に大きな影響を及ぼすのは、タグではなく「ハッシュタグ」のほうであると記載されています。

5-6 ▶ 動画を共有する

YouTube動画をインターネット上で共有しましょう。

動画の共有と埋め込み

　YouTubeなど動画共有サービスの画期的なところは、実際には何百メガもの容量がある動画を、たった1行のテキストデータで配布できるという点です。メールでも、SNSやブログ、HP上でも自由自在に配信できます。

動画を共有する

　YouTube動画の共有の方法はもうすでにご存じの方も多いと思います。動画を表示させ、動画の下にある「共有」ボタンをクリックして 1 、共有用のURLをコピーし、SNS投稿などにペーストします。

　SNS投稿用のボタンもいくつか用意されているので、活用するといいでしょう 2 。同じブラウザで該当SNSにログインしていれば、すぐに投稿画面が開きます。ログアウト中やアカウントを持っていない場合は、ログイン画面が表示されます。

　共有の際、ちょっと便利な機能を紹介しましょう。「開始位置」の設定です 3 。「開始位置」のチェックを入れ、動画の再生開始の時間を入力します。視聴者が動画のリンクをクリックすると、動画の指定の時間から再生が始まる機能です。長い動画で「ここのところから見て」という共有の仕方ができます。

動画を埋め込む

　ホームページやブログに埋め込んで配信する場合には「埋め込む」のボタンを使います 4 。

　これをクリックするとオプションの選択画面が表示され 5 、開始時間の設定の他、プレーヤーのコントロールバーの表示・非表示が選択できます 6 。通常はコントロールバーは表示させたほうがユーザービリティが高まります。

　設定を終えたら「コピー」ボタンをクリックして、埋め込みコードをコピーします。これをHTMLに挿入して埋め込みます 7 。

5-7 │ YouTubeを 使いこなす

チャンネル作成から動画のアップロード、チャンネルの設定、動画の共有まで、最低限のYouTube活用を見てきました。ここではYouTubeをもう少し使いこなすためのヒントをご紹介します。

YouTubeをさらに使いこなすために、YouTubeの便利な機能を見ていきましょう。

アカウントの確認でYouTubeの機能を拡張する

通常、YouTubeでは、15分以内の動画しかアップすることはできません。また、動画のサムネイルもYouTubeが自動的にレコメンドするものから選ぶしかありません。

しかし、スマートフォンを使った「アカウントの確認」という手続きを踏むことで、15分を超える長い動画を配信したり、好きな画像を「カスタムサムネイル」として使用したりできるようになります。このカスタムサムネイルのためだけにでも、ぜひ、設定しておきたい機能です。

アカウントの確認の手順

まず、いつものYouTube Studioにアクセスします。

左にあるメニューから「設定」を選択し、設定パネルを表示させます 1 。さらにパネル左側のメニューから「チャンネル」を選択し 2 、パネル上部右側の「機能の利用資格」タブに移動します 3 。

「スマートフォンによる確認が必要な機能」の欄の下向き三角をクリックして展開させます 4 。そして、パネル右下の「電話番号を確認」ボタンを押します 5 。

すると、「電話による確認」のパネルが表示されます 6 。携帯電話番号を入力して「コードを取得」ボタンを押すと 7 、携帯電話番号にSMSでコード番号が届きます。

届いたSMSに記載されたコード番号を入力すれば 8 、設定完了です 9 。

設定が完了すると「スマートフォンによる確認が必要な機能」の欄に「有効」と表示されます 10 。

　ちなみに、SMSではなく、音声通話で行うオプションもあります。

　この一連の手続きを行うと「スマートフォンによる確認が必要な機能」の欄に「有効」と表示され、機能が使えるようになります 10 。

カスタムサムネイルを使う

アップロード時にカスタムサムネイルを使う

　前ページで解説したアカウントの確認を行うと、動画をアップし、サムネイルの選択をする際に「サムネイルをアップロード」というオプションが追加されます **1** 。

　このボタンをクリックし、カスタムサムネイルを登録します **2** 。 YouTube Studioで確認すると、アップロードされた動画のサムネイルがオリジナルのものに設定されています **3** 。サムネイルは、動画視聴の際、大きな動機付けになるといわれていますので、動画の内容がしっかり伝わるものを作成しましょう。動画の中から目を引くビジュアルを引用したり、動画の内容を説明する文字を入れるなど、様々な工夫が考えられます。

　カスタムサムネイルの公式な推奨仕様は下記です。

- 解像度 : 1280 × 720 ピクセル (最小幅が 640 ピクセル)
- アップロードする画像ファイル形式 : JPG、 GIF、 PNG など
- 画像サイズ : 2 MB 以下
- アスペクト比 : できるだけ 16:9 を使用する

　ここで設定した画像は、サムネイルの他プレーヤー上でのプレビューにも使用されます (2-5参照)。

アップロード済の動画にカスタムサムネイルを設定する

　すでにアップ済の動画も、カスタムサムネイルに変更することができます。

　まず、YouTube Studioの「コンテンツ」メニューを選択。リスト表示された動画からサムネイルを変更したいものを選び、鉛筆マークをクリックし、「動画の詳細」画面を表示。サムネイルの欄に「サムネイルをアップロード」ボタンが追加されているので、これをクリックして画像を登録します **4** 。

サムネイル

4 の内容がわかる画像を選択するかアップロードします。視聴者の目を引くサムネイルにしましょう。 詳細

サムネイル

動画の内容がわかる画像を選択するかアップロードします。視聴者の目を引くサムネイルに

1 しょう。詳細

再生リスト

動画を1つ

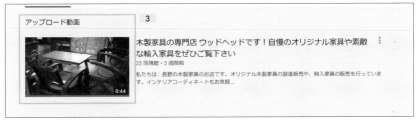

アップロード動画

木製家具の専門店 ウッドヘッドです！自慢のオリジナル家具や素敵
な輸入家具をぜひご覧下さい

22 回視聴・2 週間前

私たちは、長野の木製家具のお店です。オリジナル木製家具の製造販売や、輸入家具の販売を行っています。インテリアコーディネートもお気軽...

サムネイル画像の推奨仕様

2MB 以下

720 Pixel

1280 Pixel

タイムスタンプを使う

　YouTubeには、DVDやBDにある「チャプター」のような機能もあります。「タイムスタンプ」というもので、動画の説明文の中に、例えば「01:20」といった時間と「見出し」を書き入れるだけで、使えます。

　比較的長い動画で、いくつかのパートに分かれているような場合には効果的なので、トライしてみるとよいでしょう。

　やり方は簡単。動画の説明文の中に、タイムスタンプを書き込むだけです [1] 。

　時間の表記は半角で、「:」で区切りながら秒単位で記載。見出しは改行せずにその横に記載します。例えば、10分5秒に「サービス概要」という見出しでタイムスタンプを入れたい場合は下記のようになります。

10:05 サービス概要

　これを改行しながら時間が若い順に書き込んでいきます。すると、時間の文字列がリンクになり、そこをクリックすることで、動画の該当部分までジャンプして再生するようになります [2] 。

　タイムスタンプは単独で記載しても機能しますが、下記のような仕様にすることで「チャプター」にグレードアップします。

- **最初のタイムスタンプを「0:00」にする**
- **タイムスタンプの間隔は10秒以上空ける**
- **すべてのタイムスタンプに見出しをつける**

　チャプターは、YouTubeの動画プレーヤー（シークバー上）にタイムスタンプの範囲と見出しを表示し、ユーザーが見たい部分をすばやく探せるようにするものです [3] 。 また、タイムスタンプのリストをパネル上に表示させることもできます。

　長い動画であっても、タイムスタンプをうまく使うことで、視聴者に全体の見取り図を示すことができ、ユーザビリティの向上を図ることができます。また、見出しの書き方を工夫することで、自然な形でキーワードをたくさん埋め込めるというSEO上のメリットも期待できるでしょう。

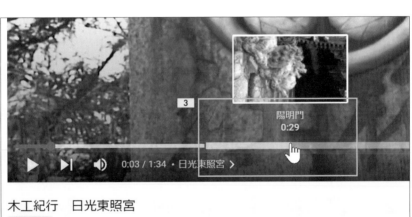

再生リストを作る

再生リストとは?

「再生リスト」とは、YouTubeにアップしてある動画をセットにして連続再生する機能です。複数の動画を入れた入れ物、と考えてもいいでしょう。

その中には自分でアップした動画のほか、他の人が公開している動画も含めることができます。

同じテーマや、関連の深い動画をまとめて配信することで、より深く、あるいは幅広くメッセージを届けることができます。

再生リスト作成の手順

再生リストの作成も、いつものYouTube Studioから行います。アクセスしたら、左端のメニューから「再生リスト」を選びます **1**。

再生リストの管理画面が表示されるので、画面右上の「新しい再生リスト」をクリックします **2**。すると、再生リスト作成のパネルが開くので、再生リストのタイトルを入力して **3**「作成」ボタンをクリックします **4**。

ここでできた再生リストはまだ空っぽです **5**。動画を追加してみましょう。

できた再生リストの上にカーソルを持っていくと鉛筆マークが表示されます（YouTubeで編集）。これをクリックすると、動画の登録などを行うパネルが表示されます **6**。「…」と表示されているボタンをクリックし **7**、展開したメニューから「動画を追加する」を選択します **8**。

動画の検索画面が表示されます **9**。YouTubeの中をキーワードで検索したり、URLで検索したり、自分のチャンネルの動画の中から選択することもできます。

追加する動画が決まったら、左下の「動画を追加」ボタンをクリックします 10 。
これを複数回繰り返して、再生リストを完成させていきます。

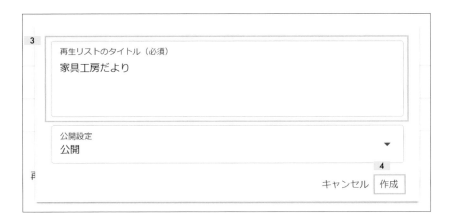

カードを作る

カードとは?

「カード」とは、動画の再生中に画面右に表示させることができる動画や再生リストへのリンクのことです。指定したタイミングで、画面に「！」マークとメッセージが表示され、それをクリックすると画面右端にカードがポップアップします。そこをクリックすると指定の動画や再生リストに遷移する、という仕掛けです。

カード作成の手順

YouTube Studioにアクセスして、左のメニューから「コンテンツ」を選択し、「チャンネルのコンテンツ」ページを表示させます。

次に、カードを追加したい動画の鉛筆マークをクリックして「動画の詳細」ページを表示させます。

画面右下のあたりに「カード」というリンクがあります。これをクリックすると 1 、カードの編集パネルが開きます 2 。

カードからリンクできるコンテンツは3種類です 3 。

・**動画 (YouTube内の動画にリンク)**
・**再生リスト (YouTube内の再生リストにリンク)**
・**チャンネル (YouTubeチャンネルにリンク)**

ここでは「動画」カードを作ってみましょう。「動画＋」をクリックすると、動画を選択するパネルに切り替わります。自分の動画以外にも、YouTube内の他の動画を選択することもできます。 4 。ここで動画を選択すると、カードの編集パネルに戻ります 5 。

まず、カスタムメッセージを入力します 6 。これを入力しておくとリンク先の動画のサムネイル＋タイトルとともにカードに表示されます。

次にティーザーテキストを入力します 7 。これは、カードの表示を促す「！」マークが表示されたときに一緒に表示される「お誘いメッセージ」です 。

最後に、パネル下のタイムラインを使って表示が始まるタイミングを調整します 8 。設定が終わったら「保存」ボタンをクリックします 9 。動画を再生してみるとティーザーテキストとカードが表示されるようになりました 10 。カードをクリックすると設定した動画にジャンプします。

2

3

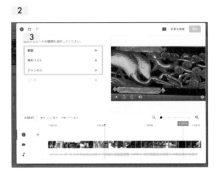

4

5

右がカスタムメッセージ
左がティーザーテキスト

終了画面を作る

終了画面とは?

「終了画面」とは、動画の終わりに他の動画や、チャンネル登録画面へのリンクを表示させる機能です。動画を見終わった人に、チャンネル登録を促したり、次にぜひ見て欲しい動画に誘導することができます。

終了画面作成の手順

終了画面の作成も YouTube Studio で行います。

カードを作ったときと同様、「コンテンツ」メニューをクリックして目的の動画を選び、鉛筆マークをクリックします。

「動画の詳細」ページが開くので、「終了画面」をクリックします 1 。すると、終了画面の編集パネルが開きます 2 。

まず、テンプレートを選びます。動画へのリンクと、チャンネル登録画面へのリンクの組み合わせで4個あります。今回は、左下に動画リンク、右下にチャンネル登録へのリンクの組み合わせを選びました 3 。

テンプレートを選ぶと、設定パネルが開きます 4 。今回、動画は「最新のアップロード」を選択しました 5 。チャンネル内の動画のうち、最新のものが自動的にレコメンドされます。他に、ユーザーの視聴傾向からおすすめの動画をレコメンドしたり、特定の動画にリンクを貼ることもできます。また、「要素＋」をクリックすると動画の本数を増やすことも可能です 6 。

最後に、画面下のタイムラインで表示するタイミングを設定します 7 。要素ごとに表示タイミングを変えることもできます。

設定が終わったら「保存」ボタンをクリックします 8 。

動画を再生してみると、終了画面が表示されるようになりました 9 。

MEMO　**終了画面作成時の注意点**

終了画面は、動画の長さの「内輪」に収める必要があります。動画には、あらかじめ終了画面分の余白を取っておきましょう。5分の動画に10秒の終了画面を入れたい場合は、動画の本編5分のあとに10秒の余白が必要になります。

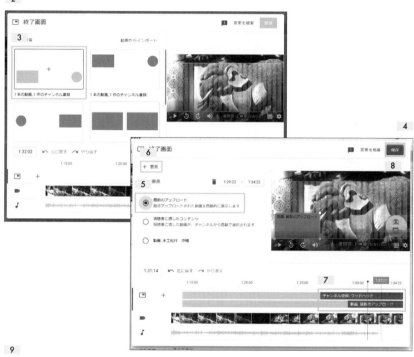

まだある YouTube Studio の便利機能

　ここまで、YouTube チャンネルの作成から、各種設定までを見てきました。その中でことあるごとにアクセスしてきた YouTube Studio ですが、まだまだ様々な機能があります。代表的なものを見ていきましょう。

チャンネルのカスタマイズ（チャンネルの表示を設定）

　動画の本数が増えてくると、デフォルトの表示ではごちゃごちゃして動画を見つけにくくなったりします。YouTube Studio の左のメニューから「カスタマイズ」を選択すると 1 、動画をカテゴリー分けして表示したり、チャンネル上部にチャンネルの紹介動画を表示させたりできます。

　チャンネルの整理に有効なのが「セクション」です。セクションは動画を入れる箱のようなもので、デフォルトでは「ショート動画」と「アップロードした動画」の2つが設定されています。

　「＋セクションを追加」をクリックすると 2 ポップアップメニューから追加のセクションが選択できます 3 。

　例えば「1つの再生リスト」というセクションを追加すると、セクションに再生リストの動画を並べて表示させることができます 4 。関連の深い動画を1つの再生リストに登録しておき、それを表示させれば、同じセクションに関連する動画が並ぶ

ことになります。

動画エディタ（すでにアップロードした動画を編集）

　YouTubeにアップロードした動画の一部分をカットしたいような場合、わざわざ編集しなおしてアップロードしなおさなくても、YouTube上で編集することができます。

　YouTube Studioで「動画の詳細」を開き、左のメニューから「エディタ」を選択すると ① 、動画エディタが開きます。画面下のタイムラインを使って、動画の一部分をカットすることができます ② 。この方法なら、URLはそのまま継続して使えます。他に、音楽を差し込んだり、画面の一部にぼかしを加えたりすることも可能です。

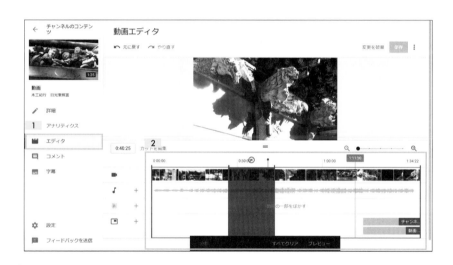

音楽ライブラリー

　YouTube Studioには、無料で使える音楽ライブラリーもあります。

　YouTube Studioの左のメニューから「オーディオライブラリ」を選択すると 1 、使用できる楽曲がリストアップされます。それぞれの楽曲の左にあるプレイバックボタンをクリックすると楽曲を聴くことができます 2 。

　曲が決まったら、「ダウンロード」ボタンをクリックしてダウンロードします 3 。

アナリティクス

　YouTube Studioでは、チャンネルや動画について、様々なデータを見ることができます。YouTube Studioの左のメニューから「アナリティクス」を選択してみましょう 1 。チャンネルの視聴回数や、特定の動画の視聴回数、また、時間軸上で視聴者の変化なども確認することができます。これらの情報を元に、動画の構成を見直したり、テーマの選定を考え直してみる、などチャンネル運営や動画制作に活かしていくことができます（2-6参照）。

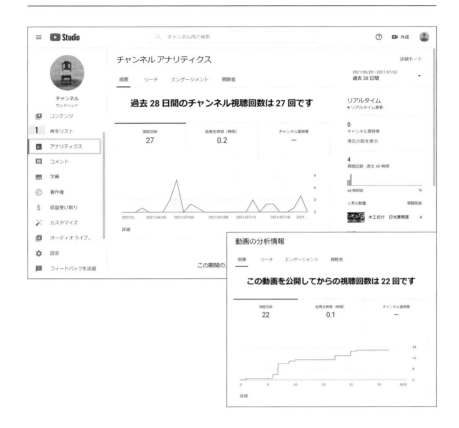

MEMO **YouTubeでライブ配信**

　YouTubeでは、動画のライブ配信もできます。ページ右上の「作成」ボタンをクリックし「ライブ配信を開始」すれば、すぐに始められます。

　PCからのライブ配信は制限なく可能ですが、スマートフォンからライブ配信したい場合には、チャンネル登録者数が1,000人以上である必要があります。

　イベントの中継や、ライブでお客さんとやりとりしながらのハウツー情報提供、ライブ対談やインタビューなど、ライブならではの「生」の魅力を使って様々なプロモーションが行えます。中継した内容はライブラリーとして残るのであとでダウンロードして再編集し、新たな動画コンテンツとして仕上げることも可能です。

コラム

VRという選択肢

　最近、360度VRを撮影できる小型カメラが人気です。企業のPR動画でも「VR動画という選択肢」が現実的なものになっているのです。しかも、360°VR動画は、YouTubeで配信可能です。

空間と時間をまるごと切り取る

　VR動画の面白さは、その場所の空間と時間をまるごと再現できるという点でしょう。不動産物件のPRや、博物館や動物園など施設紹介などを、あたかも実際にその場にいるように表現できます。通常の動画は、いわば「動画で語る」コンテンツですが、VRは「体験させる」コンテンツです。その場にぽんとカメラを置いて撮影しただけで、膨大な情報量が記録され、しかも視聴者が自分の意思で見たいところを見ることができます。

リコー製の360度VRカメラ。前後に180度の魚眼レンズがついている

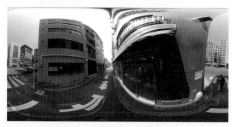
360度VRカメラで撮影された画像これを編集アプリやプレーヤーアプリで球体に変形させてVR化する

360度VRカメラで撮影された映像をスマートフォン用の編集アプリで編集中

→ Appendix

動画の
基礎知識と
FAQ

最後に、動画ファイルとは一体どんなものなのか、その基本を解説していきます。通常の動画撮影〜編集・アップロードまでの作業ではあまり意識する必要もありませんが、例えば「なぜか動画ファイルが再生されない」「人に送ったら見られないといわれた」など、再生不良に見舞われたときの参考になるでしょう。高機能な編集アプリにステップアップする場合には、少なからず必要となる知識です。

1 動画ファイルの構造

動画ファイルは様々な形式がありますが、中身の構造は共通しています。 1 は、コンパクトデジタルカメラで撮影した動画ファイルです。Macのデスクトップに置いたものをキャプチャしました。この中身に何が入っているのかを図解したものが、 2 です。

①ファイル形式

動画ファイルには、様々なファイル形式があります。ファイル形式は「コンテナ形式」とも呼ばれます。動画を再生しようとする端末やPCの環境によっては、再生できないファイル形式も存在します。おおまかには、「.mov」「.mp4」といったファイル拡張子で区別できます。

②ビデオデータ

動画ファイルのビジュアル部分です。これが含まれていないと画面が表示されません。ビデオのデータは文章や音に比べて容量が大きいので、ほとんどの場合、「コーデック」と呼ばれるアルゴリズムを使ってかなり圧縮されています。

圧縮の方式もいくつもあるのですが、上記ファイル形式のように外から容易に確認することはできません。圧縮の方式によっては、再生できないことがあります（詳しくは後述）。

③オーディオデータ

音のデータです。これが含まれていないと音が出ません。ビデオデータに比べると小さいデータですが、それでも、そこそこの容量になるので、これも圧縮されている場合がほとんどです。

④メタデータ

これはテキストデータで、著作権情報や撮影日時など、ムービーファイルに書き込まれた付帯情報です。ビデオカメラが自動的に書き込んだり、編集アプリを使って参照したり、動画を書き出すときに任意の情報を書き込んだりできます。

1

SAMPLE.mov

2　動画ファイルの中身

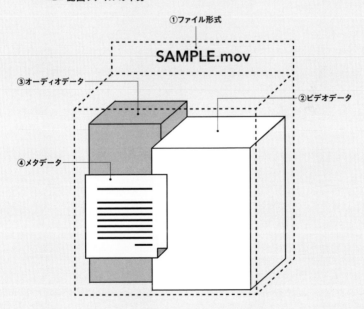

①ファイル形式

SAMPLE.mov

③オーディオデータ

②ビデオデータ

④メタデータ

基礎知識 > 2 動画ファイル形式

動画ファイル形式には様々な種類がある

　下の図は、様々なファイル形式の動画ファイルをPCのデスクトップに置いてキャプチャしたものです。注目していただきたいのは、ファイル名の末尾についている「.xxx」という文字です。これは拡張子といわれるもので、ファイル形式ごとに異なります。動画は「動画ファイル」という一種類のファイル形式があるのではなく、複数のファイル形式が存在し、拡張子で識別しているというわけです。

　形式によっては、ある端末では再生できるのに、別の端末では再生できないといったことも起こります。また、このファイル形式は「コンテナ形式」と呼ばれることもありますが、文字通り、動画の「入れ物」という意味です。

サンプルA.mov

サンプルB.mp4

サンプルC.avi

　かつては様々な形式が乱立状態でしたが、現在ではだいぶ整理されてきました。一般的に使われることの多い主な形式を見ていきましょう。

主なファイル形式（コンテナ形式）

QuickTime「.mov」

　アップル社が作った「QuickTimeムービー」という動画ファイル形式。口頭では「モブファイル」「ドットエムオーブイ」などと呼ばれることもあります。

　Mac環境およびiOS環境では普通に再生できますが、使用されているコーデック

によっては、Windows 環境では再生できないことがあります（基礎知識-3参照）。

Mpeg4「.mp4」

読み方は「エムピーフォー」。この稿を書いている2021年現在、おそらく最も汎用性の高いフォーマットでよく使われています。どの形式にすればいいか迷ったら、この.mp4形式で、コーデックを「H264」（基礎知識-3参照）にしておけば汎用性の高いファイルを作ることができます。Mac でも Windows でも、また各種携帯デバイスでもストレスなく使用可能です（基礎知識-3参照）。

AVI「.avi」

古くから Windows 標準とされてきた形式。最近ではあまり使われなくなりましたが、歴史の古い形式なので、初期の動画撮影機能付きコンパクトデジタルカメラなどでは、この形式で記録するものがあります。

各種の圧縮方式も使えますが、まったく圧縮しない「非圧縮」のファイルが作れるため、詳細な合成作業などを行うプロ用のコーデックになっています。

Mpeg2「.mpeg」「.m2v」「.vod」

DVD ビデオなどに使用されている形式です。この形式では、コーデックが Mpeg2 に限定され、ファイル形式とコーデックが一体化しています。映像のみが入っているファイルだと.m2vの拡張子が使われることがあります。また、DVD ビデオとしてディスクに書き込むと.vodという拡張子に書き換えられます（基礎知識-3参照）。

AVCHD「.mts」

撮影用の映像フォーマットです。ディスクメディアにハイビジョン映像を記録する技術を応用して、ハードディスクやメモリにハイビジョン映像を記録するものです。ファイルベースの家庭用ハイビジョンカメラでは、この形式で記録するものがあります。

コーデックは H264、解像度も横1920×縦1080ピクセルのいわゆるフルハイビジョンサイズに固定されています。

3　動画のコーデック （圧縮／伸張方式）

　前述のように、動画（映像）データはとても容量が大きいので、多くの場合、圧縮されています。再生するときには、圧縮方式と同じ方式で圧縮を解き「伸張」する必要があります。この圧縮／伸張方式のことを「コーデック」と呼びます。

動画のコーデックには様々な種類がある

　コーデックはひとつではありません。撮影用、配布用、放送用など用途に応じて様々なものがあります。また、前述のファイル形式によっても使用できるコーデックが異なります。その一方で、複数のファイル形式にまたがって使用できるコーデックもあります。

代表的なコーデック

H264（エイチニーロクヨン）

　この原稿執筆時で最も汎用性があり、高画質、低容量の圧縮方式です。.movや.mp4などで使用でき、撮影用から配布用まで広い用途で使われています。

　編集アプリから書き出すときには、ほとんどの場合このコーデックが使用されています。また、ブルーレイディスクに書き込む際にも使用されます。現時点では、最も普通に使えるコーデックで、ひとまず、これひとつを押さえておけば問題ないでしょう。

H265（エイチニーロクゴ）／HEVC（エイチイーブイシー）

　最近のiOS端末では、動画を撮影するコーデックとしてこのH265が使用されています。H264の2倍の圧縮効率があるとされ、とても優秀なコーデックです。現状ではまだ普及が進んでいませんが、H264は徐々にこのH265に置き換えられていくかもしれません。

　これも、.movや.mp4などで使用できますが、あまり普及が進んでいないので、Windows環境やAndroidでは、再生できない可能性があります。その場合は、アプリストアなどから別途H265コーデックをインストールする必要があります。

Mpeg 2 (エムペグツー)

現在でも動画の配布メディアとして使われることの多いDVDで使用されるコーデックです。

使用できるファイル形式は.mpegのみです。一時期は高効率のコーデックとして注目され、撮影用としても使用されていましたが、現在は、ほぼDVDでの使用に限られています。

DV (ディーブイ)

10年ほど前には一般的だった「ミニDVテープ」で収録された「ハイビジョンではない」動画はこのコーデックで圧縮されています。.movや.aviなどで使用できます。

このコーデックは他のものとは違い、横720×縦480ピクセルのいわゆる「SDサイズ」解像度に固定されています。

MEMO   コーデックの絶大な効果

動画は、映像の入れ物である「ファイル（コンテナ）」と、その中身である「映像データ」、そして映像データをファイル（コンテナ）に格納するための「コーデック（圧縮方法）」の3要素から成り立っています。

圧縮していないハイビジョンサイズの動画1分のファイルサイズは約8GBもあります。ところが、H264というコーデックを使って同様の動画を圧縮すると、たったの90MB程度まで小さくなるのです。

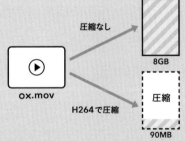

基礎知識 ＞ 4 ファイル形式とコーデックの組み合わせ

　これまで見てきたように、動画ファイルには、様々なファイル形式、コーデックがあります。動画ファイルの種類について考えるとき、最も基本的で最もややこしいのが「ファイル形式とコーデックが組み合わされている」という事実です。

　ファイル形式が同様（拡張子が同じ）のファイルでも、使っているコーデックが異なっていると環境によって再生できたりできなかったり、という事態が起こります １ 。また、同じファイル形式（拡張子が同じ）であっても、画質が良かったり悪かったり、サイズが大きかったり小さかったり、といったことも起こります。

1 同じファイル形式（コンテナ形式）でもコーデックが
異なると再生できない場合がある

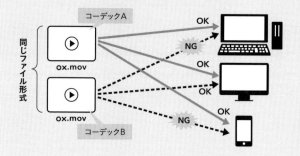

　よく使われるファイル形式とコーデックの組み合わせを下の表にまとめてみました ２ 。

2 主なファイル形式（コンテナ形式）とよく使われるコーデック

ファイル形式	.mov	.mp4	.mts
コーデック	H264 H265	H264 H265	H264 （撮影専用）

222

MEMO **コーデックは「鍵」のようなもの**

コーデックは「鍵」にたとえられることがよくあります。記録するときにはあるコーデックを使って「圧縮する」、そして再生するときには、同じコーデックを使って「伸張する」必要があるからです。動画ファイルを作ったときのコーデックと同じものが、再生環境にもインストールされていなければ、その動画を見ることができないのです。

MEMO **優秀なコーデックの開発がすべての始まりだった**

そもそも、PCを使って動画を編集したり、スマートフォンで動画を撮影できるようになったのも、優秀なコーデックが開発されたからです。

大きく貢献したのが、前節の最後に紹介した「DV」というコーデックです。20年程前、DVコーデックの登場によって、PCで動画を編集する「デスクトップビデオ（DTV）」が一気に加速しました。やがてハイビジョン時代を迎えると、ハイビジョン対応の様々なコーデックがしのぎを削るようになり、一時期は使われることの多いコーデックだけでも10種類ぐらいあるという状態でした。

現在は、比較的落ち着いた状態で、コーデックとしては、H264、H265を意識しておけば済む平和な時代です。今後、8kなど、カメラの高解像度化がより進めば、さらに高効率できれいなコーデックが現れてくるでしょう。

見た目は同じでも、コーデックに よって大きな違いが生まれる

　同じファイル形式の動画でも、コーデックが違うと雲泥の差が生まれるという例をひとつ紹介します。

　2つの動画ファイルをデスクトップにおいてキャプチャを取りました 1 。両方とも「.mov」の拡張子を持ち、同じように見えます。

　葡萄畑A.movは、iPhoneのカメラアプリで撮影したものです。この.movファイルは、H264というコーデックが使われています。

　葡萄畑Bは、同じ.movファイルですが、コーデックには少し古いDVというものが使われています（基礎知識-3参照）。

　この同じ見た目の2つの.movファイルをプレーヤーで表示してみたものが 2 の図です。

　まず、サイズがまったく違います。

　H264というコーデックは、サイズが可変で、iPhoneで撮影した場合は、1920×1080ピクセルのいわゆるフルハイビジョンサイズになります。

　一方、DVコーデックは、720×480ピクセルに固定されています。例に挙げた葡萄畑B.movの場合はDVアナモルフィックというオプションを使って、上記解像度を横に拡大して16:9にしています。葡萄畑B.movより解像度が小さく、同じサイズに拡大するとボケた印象になり、画質はいまひとつです。

　このように、ファイル拡張子が同じものでも、使用しているコーデックによって雲泥の差が生まれます。

　また、よく「.mp4より.movの方が画質が良い」と思い込んでいる方もいますが、これはまったくの誤解です。画質を決めるのはファイル形式（コンテナ形式）ではなく、使用されているコーデックの性能と、圧縮するときのビットレートなのです（基礎知識-5参照）。コーデックの選択とビットレート設定によって、汚い.movもでき、美しい.mp4もできます。

1　一見同じに見える動画ファイル (.mov)

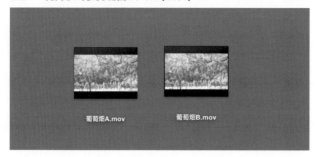

2　実はサイズも画質も大きく違う

葡萄畑A.mov

葡萄畑B.mov

ビットレートは、動画の品質を決める最重要キーワードで、動画が「1秒間にどれぐらいの情報量を使って記録・再生されるか」を表したものです。

例えば、5Mbps（5M Bit Per Scond）の場合は、1秒間に5メガビット分の情報量を使っています。この値が高ければ高いほど、高画質、低ければ、画質や音質の品質は悪くなります。また、ビットレートが高いほど、ファイルサイズは大きくなり、低いほどファイルサイズは小さくなります。

書き出しのときに意識

ビットレートが問題になるのは、ほとんどが編集ソフトから書き出すときです。編集ソフトには、でき上がった動画を書き出すためのプリセットが用意されています。通常は、それらを試して一番よいものを選びます 1 。その上で、画質や音質が思ったより悪い、または、ファイルサイズが大きすぎる、など気に入らない場合があるかもしれません。そのような場合、編集ソフトによってはビットレートの調整をすることができます 2 。

ちなみに、YouTubeで公式に推奨されているフルハイビジョンサイズのビットレートは「8Mbps」とされています。ただあまり数字にとらわれる必要はなく「なるべくきれいなプリセットを選択」を心がければいいでしょう。

1 iMovieの書き出しプリセット

**2 iMovieで書き出しのオプション
「QuickTimeを使って書き出す」**

ビットレートの調整ができる

MEMO ビットレートには二種類ある

ビットレートには、実は二種類あります。ひとつは、ずっと一定のデータ量で記録再生する「コンスタントビットレート（CBR）」です。

これは動画の中身に関係なく、設定したビットレートは始まりから終わりまで一定になります。再生する側の機器（PCやスマートフォン）の負荷が少ないのが大きな特徴ですが、揺れ動くような複雑な絵柄はブロック状になってしまい破綻する場合があります。したがって、比較的大きくビットレートを設定する必要があり、ファイルサイズは大きくなりがちです。

もうひとつは、変化が激しかったり、複雑な動きをする部分は自動的にビットレートを上げ、変化が少ない場合はビットレートを低くする方式で、「バリアブルビットレート（VBR）」というものです。この方法だと、全体のファイルサイズは比較的小さく抑えることができます。その代わり、PCなど再生デバイスの負荷が高くなるので、デバイスによっては動きがカクついたり支障が出る場合もあります。どちらかを選択できる場合は、軽くて高画質なバリアブルビットレートのほうがよいでしょう 3 。

3 コンスタントビットレートとバリアブルビットレート

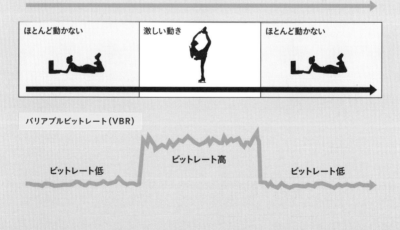

コンスタントビットレート（CBR）

ビットレートは一定

| ほとんど動かない | 激しい動き | ほとんど動かない |

バリアブルビットレート（VBR）

ビットレート低　　ビットレート高　　ビットレート低

解像度は動画の大きさを表したものです。

動画のサイズはピクセルという単位で表されます。ピクセルとは、ディスプレイ上で画像を表示するときの最小単位です。縦に何ピクセルあり、横に何ピクセルあるかで動画の大きさを表します。これが解像度です。

かつて、動画は家庭にあるテレビで表示するものだったので、テレビの解像度がイコール動画の解像度でしたが、現在では動画を見る画面は、テレビとは限りません。PCのディスプレイやスマートフォン、タブレットの画面など、様々なものがあり、世の中に存在する動画の大きさも様々です。

よく使われる解像度

・フルHD（1920×1080ピクセル／比率16：9）

現在、世の中のほとんどのビデオカメラは、この解像度で撮影されるようになってます。特に変換していなければ、編集もこのサイズで、書き出しもこのサイズになっているはず。また、ブルーレイディスクには、この解像度で映像が記録されています。

・HD720（1280×720ピクセル／比率16：9）

横幅が1280ピクセル、高さ720ピクセルの解像度。これもハイビジョンの一種で、あまり一般的ではありませんが、カメラによっては、この解像度を「HD解像度」としている場合があります。

・4K（3840×1260ピクセルなど／比率 16:9）

いわゆる4K放送で使われる解像度。横の解像度が約4000ピクセル程度あります。ハイビジョンに比較して縦横2倍、面積で4倍程度の大きさがあり、最近はスマートフォンをはじめ、家庭用ビデオカメラでもこの解像度で録画できる機種が一般的になってきました。

・SD（スタンダード）（640(720)×480ピクセル／比率4：3＆16：9）

　地上デジタル放送が始まる前に地上波放送で用いられていた解像度。4：3の場合も、16：9の場合も縦の解像度が480ピクセルになっています。16：9のワイド画面の場合は、画像を構成するひとつひとつのピクセルを縦長にして、再生時に横に伸ばして表示する「アナモルフィック」という方式が採られています。現在でも映像コンテンツの配布で使われているDVDビデオもこの解像度です。

様々な解像度の比較

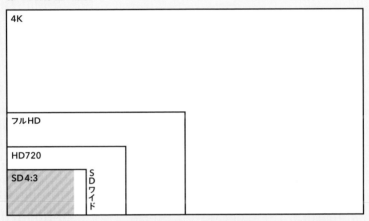

MEMO　　**縦型動画**

　YouTubeは、スマートフォンを縦にして撮影した「縦型動画」にも対応しています。スマートフォンで視聴するとフル画面で表示されます。スマートフォンでの視聴をメインに展開する場合には縦型動画も選択肢に入れてみてはいかがでしょうか。一方、縦型動画をPCで視聴した場合には、プレーヤーの真ん中に小さく表示されるので多少見にくい面もあります。

縦型動画PC
での表示

縦型動画スマー
トフォンでの表示

・ フレームレート

　動画は、連続した静止画を次々と表示することで動いているように見えます。このとき、1秒間に何枚の静止画を見せるか、がフレームレートです。

　フレームレートは「fps」という単位で表されます。これは「Frame Per Second」を略したもので、1秒間に見せる静止画の枚数のこと。一般的な劇場用映画の場合は24fps、つまり1秒間に24枚の静止画を使っています。テレビ番組は、29.97fpsで、1秒間に29.97枚、数字がややこしいので一般的には30fpsと単純化して表現されています。ビデオカメラは、もともとテレビで見るための動画を撮影するように設計されていますので、デフォルトでは、テレビと同じ30fpsで撮影されます。このフレームレートを極端に3fpsにした例を示したのが、■です。1秒間に3枚では、相当カクカクした動きになります。これを10fpsにすると■のようになり、これならだいぶなめらかな動きになります。

　フレームレートの知識が必要になるのは、どうしても動画のファイルサイズが目的のサイズにならない、といった場合です。動画を編集ソフトから書き出すときに、フレームレートをガマンできる範囲で落としていくと、大幅なファイルサイズの縮小が可能になるのです。いざというときのために、頭の片隅においておくとよいでしょう。

よく使われるフレームレート

・15fps
ワンセグ放送のフレームレート。多少動きがカクカクして見えます。

・30 (29.97) fps
国内でのテレビ放送や、一般的なビデオカメラ。現時点では最も標準的なフレームレートです。

・24fps
映画は、通常、1秒間に24フレームで上映されています。

・60fps
カメラによっては「スポーツモード」等で30fpsよりも高精細な規格として、1秒60フレームで記録、再生できるものもあります。

1 3fps（1秒間で球が通り過ぎる）

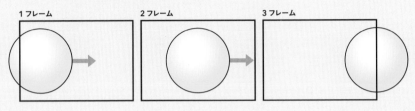

2 10fps（1秒間で球が通り過ぎる）

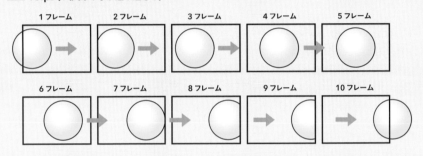

MEMO **速度を変更する**

例えば、30fpsで撮影した動画を同じ30fpsで再生すると現実のスピードで動きます。では、2倍の60fpsで撮影した動画を30fpsで再生するとどうなるでしょうか。動きがゆっくりになります（スロー）。逆に15fpsで撮影した動画を30fpsで再生すると動きは速くなります（早回し）。カメラによってはスロー撮影や、タイムラプスの機能を持つものがありますが、それらは、撮影時のフレームレートと再生時のフレームレートのギャップを応用したものです。

編集アプリでも速度の変更が行えるものもありますが、その場合は同じフレームを繰り返したり、定期的にはしょったりする擬似的な速度変更を行っています。

FAQ 1 動画が再生できない

　他の人に渡した動画が再生できないといわれた場合は、ファイルが壊れていない限り、渡した動画で使われている「ファイル形式」か「コーデック」が相手のPC環境でサポートされていない可能性があります。まず、相手の環境で動画を見るとき、どんなプレーヤーソフトで再生しているかを確認してみましょう。

　プレーヤーのバージョンがあまりに古い場合は、プレーヤーのバージョンアップをお願いするか、相手のプレーヤーのバージョンにあったファイル形式とコーデックに変換しましょう。

　プレーヤーの種類とバージョンがわかれば、インターネットでプレーヤー名、ファイル形式、コーデックなどのキーワードで検索すれば、情報を得られます。

　ほとんどの環境で再生可能なファイル形式とコーデックは.mp4（ファイル形式）／H264（コーデック）です。

　現在、Mac環境、iOS環境では、従来カメラアプリで使われていたH264コーデックから、H265（HVEC）への置き換えが始まっています。最新のMacやiOSデバイスで撮影したり編集したものは、このコーデックになっている可能性もあります。この場合、Windows環境やAndroid環境では別途コーデックしインストールしてもらわないと再生できません。新たにH264で書き出し直してあげたほうがよいでしょう（基礎知識-2, 3, 4参照）。

本来再生できるはずのファイル形式（コンテナ形式）でもコーデックに対応していないと再生できない

FAQ 2　画質が汚い

　動画の画質劣化にはいろいろ原因がありえますが、一番多いのは「ビットレートが足りていない」というケースでしょう 1　2 。撮影した素材が、古いタイプのデジカメで撮影した動画など、そもそもサイズが小さすぎる場合や、ビットレートが足りなくて汚い場合は、新しい機材で撮り直すしかありません。

　素材が問題ないのに汚い場合は、編集ソフトから書き出すときに、ビットレートを低く設定しすぎている可能性があります。編集ソフトから書き出すときに使ったプリセットを確認してみましょう。携帯電話用など、画面の小さい、もしくは細い回線用のプリセットは、画質が相当抑えてあります。PC上で見ると、解像度も小さく、ビットレートもかなり低めで、画像もぼやけています（基礎知識-5参照）。

　編集アプリには書き出しの推奨設定やデフォルト設定があります。それを使って書き出してみましょう。また、「高解像度テレビ」などのプリセットがある場合には、それも高画質なはずです。これらの、高ビットレートのプリセットを使えば、きれいな動画を書き出すことができます 3 （基礎知識-5参照）。

1　ビットレートが足りていない例

2　ビットレートが足りている状態

3

FAQ > 3　画像がもやっとしている

　撮影のときに雨が降っていたり、曇り空だったり、山の中などでモヤがかかって遠景がはっきりしない、といった場合は **1**、編集ソフトでコントラストの調整をすると印象がはっきりします **2**（4-7参照）。**2** は、Adobe Premiere Rushの色調整の様子です。Premiere Rushでは、「露出」「コントラスト」「ハイライト（明るい部分の明るさ）」「シャドウ（暗い部分の明るさ）」の設定ができます。以下ではコントラスト高め・ハイライト明るめ・シャドウ暗めに設定しました。最終的に、「露出」を微調整して全体の明るさを整えます。

　iMovieでも同じような調整が可能です。Windows 10の「ビデオエディター」など簡易なアプリでは、残念ながら明るさの調整ができません（4-7参照）。

1

もやがかかっていて
すっきりしない

2

Premiere Rushの調整機能でコントラストを上げた

FAQ > 4 画像がざらざらしている

画面全体に細かいノイズが乗って、ざらざらした感じになっている場合は、何らかの原因で、カメラの感度設定が上がってしまっている可能性があります 1 。

ビデオカメラなら「ゲイン」、デジタルスチールカメラなら「ISO」の設定が必要以上に上がってしまっているのです 2 。これらの値を上げるとカメラの感度が上がり、暗いところでも写るようになりますが、その代わり、ざらざらしたノイズが乗ってきます。

ノイズが乗ってしまった動画は、残念ながら修正の方法はありません。そのカットを使わずに済む編集方法を考えるか、撮り直すしかないでしょう。

1　ISOの設定を上げすぎて撮影してしまった例

ざらざらしたノイズ
が見える

2　コンパクトデジタルカメラのISO設定画面

上げすぎに注意

FAQ 5 映像が暗い／飛んでいる

撮影した動画が暗い場合、2つのケースが考えられます。ひとつは、そもそも暗い場所でカメラの最高感度以下の条件で撮影した場合や、何らかの原因でカメラの明るさ設定を誤っている場合 1 。どちらも編集ソフトで明るく補正します 2 。そもそも暗い場所で撮影したものは、カメラの感度が目一杯上がっているので、補正していくと明るくなると同時に、ノイズも目立ってきます。無理にノーマルな明るさにしようと思わず、ガマンできる程度で止めておくのがコツです 3 。

もうひとつは、建物や人物などを逆光で撮影してしまった場合です 4 。この場合も最初のケースと同様、明るく補正します。全体に明るく補正する方法でもよいですが 5 、編集アプリに「レベル補正」といった機能がある場合には、それを使って、中間の明るさ（ガンマともいいます）をより明るい方向にシフトしてみるとより自然な調整ができます 6 。

また「ハイライト」と「シャドウ」が別々に補正できるアプリもあります。その場合はシャドウのみを少し明るくしてみましょう。

暗い場合には、明るくすることで補正可能な場合が多い一方、逆に明るすぎて白く飛んでしまっている場合は、補正の方法がありません。補正しようにも、飛んでしまった部分には、情報が入っていないからです。撮影のときには、暗すぎよりも、明るすぎに気をつけましょう（4-7参照）。

1 暗く写ってしまった例

2 編集ソフトで明るく補正

3 もともと暗いシーンは無理に明るくしすぎない

4 逆光で被写体が暗い

5 全体を明るく補正

6 レベル補正で、ガンマを調整。空のディテールを残すことができる

FAQ > **6** 　映像がチラチラしている

　蛍光灯のもとで撮影した動画で、光が当たっている部分がチラチラ点滅しているような状態になることがあります。

　これは「フリッカー」と呼ばれる現象です。

　蛍光灯は肉眼で見る分には明るさは一定ですが、実際には、すばやく点滅を繰り返しています。この点滅がカメラに写ってしまった状態がフリッカーです。

　ビデオカメラは、基本的に「1/60秒」のシャッタースピードで撮影していますが、このシャッタースピードと蛍光灯の点滅がシンクロしなくなるとフリッカーが見えてきます。

　蛍光灯の点滅は、交流電源の周波数に準じていて、電源周波数が60Hzの関西圏では1秒間に120回です。この場合、1/60秒というビデオカメラのシャッタースピードとうまくシンクロするので、基本的にフリッカーは起こりません。

　関東圏だと、電源の周波数は50Hzになり、点滅は1秒間に100回。ビデオのシャッタースピード1/60では割り切れないので、フリッカーが生じます。これを回避するには、カメラのシャッタースピードを1/50秒や1/100秒といった50で割り切れる数値に設定します。

　シャッタースピードの調整ができないカメラの場合は、明るさをマニュアルで調整できるモード（露出補正）にして、若干暗くしたり明るくしてみましょう。このような調整では、シャッタースピードを変化させている場合が多く、偶然シャッタースピードがシンクロする設定が見つかる場合があります。

食べ物が美味しそうに見えない

　せっかく撮影した食べ物が美味しそうに見えない、という場合は、全体的に暗く、色味に乏しくなっています 1 。

　これらは、本来撮影のときに気をつけるべきポイントですが、編集アプリに明るさの補正機能がついている場合は、まずは、少し明るく補正してみましょう 2 。

　また、色の濃さ（彩度やサチュレーションといった名称の調整項目）がある場合には、料理にもよるでしょうが、少し色を濃くしたほうが美味しそうに見えます 3 （4-7参照）。

　また、編集アプリに色調の補正機能がある場合には、若干オレンジ系に補正すると効果的な場合があります。食欲をそそる美味しそうなトーンは、青や緑ではなく、赤やオレンジの暖色系なのです。

1 暗く写ってしまった料理

2 明るく補正

3 iMovie のカラー補正機能

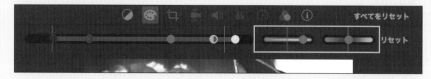

音が割れている／
聞き取りにくい

FAQ > 8

　収録時の音が割れてしまっている場合は、もう補正の方法はありません。割れてしまった音は、動画にとっては致命的なマイナス要素になってしまいます。人は視覚的要素より、聴覚的要素に不快感をより強く感じる傾向があるのです。

　音が割れていたら、もう一度撮るか、しゃべっているコメントをテロップでフォローして音声を使わないなど、その音を使わなくて済むような工夫をしたほうがよいでしょう。もちろん最良なのは撮り直すことです。

　音が小さくて聞き取りにくい場合は、まずは編集アプリで音を大きく補正してみましょう。音量を上げ下げする補正は、多くの編集アプリで対応しています。しっかり、快適に聞きやすくなればOKですが、ノイズも同時に持ち上げられて、きれいには聞き取れないかもしれません。そういう場合には、無理せず、撮り直すか、テロップで補足するなどの方法も検討してみましょう。

2　iMovie Mac版の音調整パネル

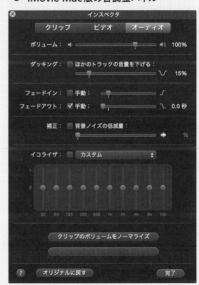

ノイズ軽減のスライダーもあり、高機能

1　音が割れている動画

音のデータがピークを越えている

デザイン	武田厚志 (SOUVENIR DESIGN INC.)
DTP	永田理恵 (SOUVENIR DESIGN INC.)
イラスト	中瀬めぐみ
編集	関根康浩

仕事に使える YouTube 動画術
自前でできる！動画の企画から撮影・編集・配信のすべて

2021年12月15日　初版第1刷発行

著　者	家子史穂、千崎達也
発行人	佐々木幹夫
発行所	株式会社翔泳社 (https://www.shoesha.co.jp)
印刷・製本	株式会社広済堂ネクスト

©2021 Shiho Ieko, Tatsuya Senzaki

ISBN978-4-7981-6961-3 Printed in Japan